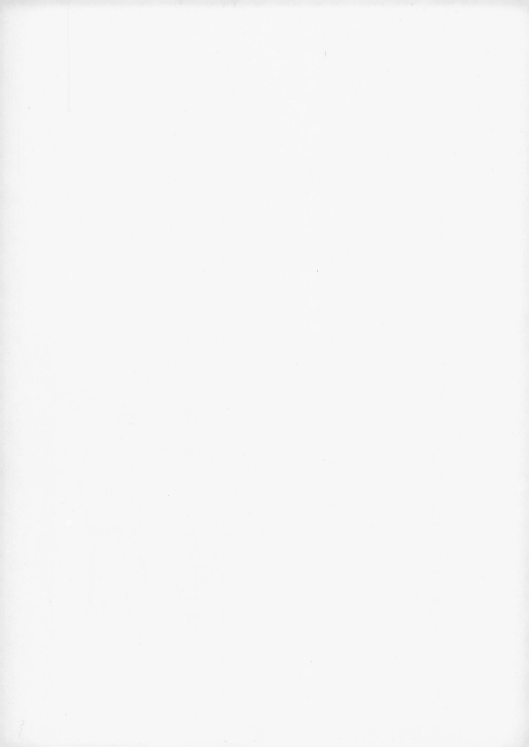

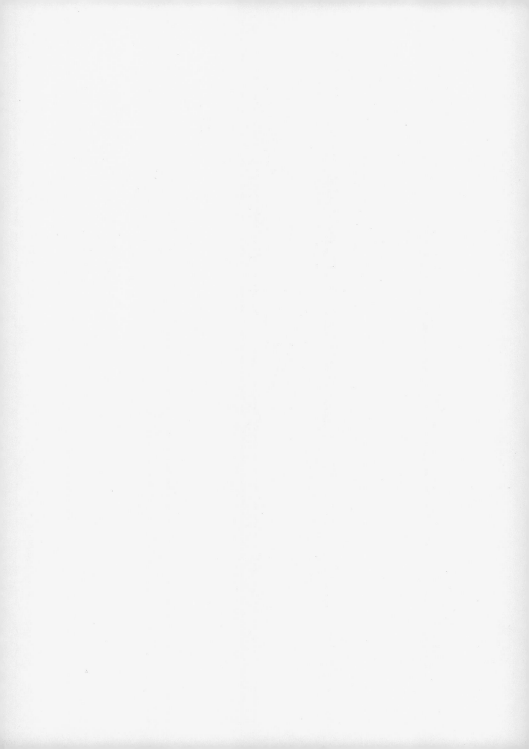

빛깔있는 책들 201-4

# 겨울 음식

글, 사진/뿌리깊은나무

대원사

글/고현진, 정성희 (샘이깊은물 전 기자)
사진/강운구 (샘이깊은물 사진 편집위원)
　　　김승근 (샘이깊은물 사진 기자)
　　　권태균, 백승기, 이창수 (샘이깊은물 전 사진 기자)

# 거울 음식

# 겨울 음식

# 평안도 온반

　온반이라 하면 그 한자어의 뜻을 좇아 더운 밥을 가리키는 줄로 알기 쉽지만 평안도 사람에게는 밥에 뜨거운 고깃국을 부은 장국밥이 온반이다. 평안도 사람들은 추운 겨울철에도 찬 밥이거나 뜨거운 밥이거나 뜨거운 국물만 부으면 밥이 먹기 좋을 만큼 따뜻해지니 그렇게 불렀다고 한다. 그런데 남쪽에 사는 이들이야 두말할 나위도 없고 같은 추운 지방이라도 함경도에서 살던 사람들 중에는 온반이라는 말조차 모르는 이가 많다.

　그런데 실제로 이 온반은 이처럼 아무 때나 아무런 밥에나 뜨거운 국물을 부어 먹던 "막음식"은 아니었다고 한다. 음력 정월에—옛날에야 다 구정을 쇠었을 터이니—세배오는 손님들에게 남쪽 사람들이 떡국을 대접하듯이 이 온반을 내놓고, 잔칫날에도 대접하는 "귀한 음식"이었다고 한다.

　다섯명쯤이 먹을 수 있는 온반을 장만하려면 쇠고기 양지머리나 사태를 육백 그램, 느타리버섯과 표고버섯을 이백 그램씩, 당면을 백 그램쯤 산다. 그 밖에도 파, 마늘을 비롯한 갖은 양념과 김 서너 장, 실고추 조금, 달걀 두세알을 준비한다.

"피양도 온반" 한 그릇. 옛날에 평안도 사람들은 정월에 세배온 손들에게, 남쪽 사람들이 떡국을 대접하듯이, 이런 온반을 대접했다고 한다.

먼저 찬물에 크게 썬 통파와 반으로 가른 마늘을 넣고 끓이다가 물이 펄펄 끓기 시작하면 양지머리를 넣고 푹 곤다. 파와 마늘을 넣는 것은 고기를 곤 때 누린내를 없애려는 것이다. 고기가 젓가락으로 찔러 보아 쑥 들어갈 만큼 익어야 하는데, 그러려면 불을 약하게 하여 한 시간쯤 뭉긋하게 고아야 한다.

고기가 고아질 동안 한편에서는 온반에 쓸 갖가지 웃고명을 준비한다.

버섯은 겨울철에는 야생 버섯이 양식한 버섯에 견줄 수 없을 만큼 향이 좋고 영양도 많고 손질하기도 쉽다. 가을에 숲속의 잎이 넓은 나무 밑둥의 썩은 부분에서 자라는 빛깔이 희거나 갈색이며 맛이

웃고명이 다양한 만큼 평안도 온반에 들어가는 재료도 다양하다. 이 재료들을 저마다 삶고, 채치고, 무치는 따위의 손질을 해서 밥 위에 얹고 뜨거운 국물을 부으면 깔끔하고 맛깔스러운 장국밥이 된다.

단 느타리버섯이나 봄부터 가을에 걸쳐 밤나무와 떡갈나무 따위의 고목 밑둥에서 자라는 빛깔이 짙은 자줏빛이거나 검은 밤빛이며 맛이 진하고 독특한 표고버섯은 말려 놓으면 오래 두고 먹을 수가 있으나 흔치는 않은 편이다. 다행히 이런 야생 느타리버섯과 표고버섯을 구했으면 저마다 따뜻한 물에 담가 불린 다음에 손질을 한다. 삼십분쯤 물에 담가 두면 알맞게 붇는데 이것을 꺼내어 마른 행주에 싸서 대충 물기를 빼고 표고버섯은 기둥을 떼어내고 굵게 채를 치고, 느타리버섯은 결대로 찢는다. 이것들을 제각기 면실유에 볶는데

양지머리를 곤 때에는 찬물에 굵은 파와 마늘을 넣고 불 위에 올려 놓고 물이 끓기 시작하면 양지머리를 덩어리째 집어넣고 젓가락이 쑥 들어갈 때까지 푹 곤다.

이 표고버섯과 느타리버섯은 야생버섯이 아니어서 끓는 물에 살짝 데친 것이다. 작은 표고버섯은 칼로 채치고 좀 넓적한 느타리버섯은 결대로 찢는다.

달걀 흰자위와 노른자위를 나눠 풀어서 얇게 부치고 곱게 채쳐서 웃고명으로 한다.

잘 고아진 양지머리를 식혀서 편육 썰 듯이 얇게 썰어 갖은 양념을 넣고 조물조물 무친다.

온반에 쓰일 웃고명들. 참기름을 발라 놓은 당면, 표고버섯과 느타리버섯, 갖가지 양념을 넣고 무친 쇠고기, 황백 지단, 실고추 그리고 설핏 구워 부순 김 들이다.

이때에 간장으로 고루 간을 하고 다 익었을 즈음에 파, 마늘, 깨소금, 후춧가루 따위로 양념을 한다. 잘 볶아진 버섯은 웃고명을 담아 놓을 그릇 한 옆에 둔다. 버섯이 설 볶아지면 버섯의 쫄깃한 맛도 없고 향도 덜하다. 그런데 야생 버섯을 구할 수 없어서 양식한 버섯을 써야 할 때에는 따뜻한 물에 담가 놓는 대신에 펄펄 끓는 물에 소금을 조금 치고 데치는 수고를 더해야 한다. 양식 버섯은 맛도 덜하지만 사람의 손이 많이 간 만큼 자연의 힘으로 자란 야생 버섯에는 안 들어갔을 불순물이 들어갔을 터이기 때문에 반드시 끓는 물에 데쳐서 불순물과 잡스러운 맛을 빼내야 한다.

그 다음에 달걀의 흰자위와 노른자위를 따로 풀어 얇게 지단을 부쳐 곱게 채를 쳐 놓는다. 옛날에는 번철이 둥근 것밖에 없어 지단을 부쳐 놓으면 허실이 많았으나 요즈음에는 지단을 부치기에 좋은 조그맣고 네모난 번철이 나와 쓰기에 좋다. 황백을 갈라 부쳐 채친 달걀 지단도 그릇 한 옆에 놓는다.

그러고는 당면을 삶아 물을 빼고는 참기름을 묻혀 사리를 져 놓는다. 이때에 참기름을 치는 까닭은 당면발이 서로 들러붙지 않도록 하기 위함이기도 하려니와 참기름의 고소한 맛으로 온반의 맛을 더해 주기 위함이다.

마지막으로 김을 설핏하게 구워 부셔서 눅지 않도록 뚜껑이 있는 그릇에 담아 두고, 실고추는 너무 길지 않게 가위로 잘라 놓는다.

이런 것들을 준비하는 동안에 고기가 푹 고아졌으면 꺼내어 식혀서 편육 썰 듯이 얇고 너무 크지 않게 썬다. 고기를 식혀서 썰어야 하는 것은 뜨거운 고기는 잘 썰어지지 않고 썰어지더라도 모양이 지저분해지기 십상이기 때문이다. 편육처럼 썬 쇠고기를 갖은 양념을 다 해서 무쳐 놓으면 웃고명은 다 준비한 셈이다.

고기가 다 고아진 다음에는 반드시 국물에서 위에 뜬 기름을 걷어 내고 간을 하는데, 고기를 골 때에 미리 간을 하면 고기가 잘 익지 않으니, 맨 나중에 하는 것이다. 국물이 차게 식은 뒤에는 기름이 굳어서 고운 체 같은 것으로 밭혀도 되지만 식지 않아 액체로 떠 있을 때에는 한지를 살짝 얹어 기름을 걷어 낸다. 그런데 국물에는 따로 다른 양념을 넣을 필요는 없으니 웃고명을 만들 때에 충분히 양념을 넣었으므로 뜨거운 국물을 부으면 그 양념이 반쯤 익어 양념 맛이 그대로 우러나기 때문이다.

그러는 한편으로 국과 고명이 되어 가는 형편을 헤아려서 때에 맞춰 밥이 되도록 되직하게 미리 앉혀 놓는다.

모든 것이 다 준비되면 그릇에 담는데, 맨 먼저 밥을 그릇에 반쯤 담고 당면을 덮는다. 그 위에 느타리버섯과 표고버섯을 깔고, 쇠고기 무친 것을 놓고, 황백 지단을 얹고, 실고추를 흩고, 부순 김을 뿌린 다. 이렇게 다 담은 다음에 상에 올리기 바로 전에 펄펄 끓는 국물을 고명의 매무새가 흐트러지지 않도록 그릇 한옆으로 얌전히 붓는 다.

이렇듯이 웃고명들이 저마다 독특한 맛을 지닌 것인 만큼 이 평안 도 온반을 먹을 때에는 실제로 딴 반찬이 별로 필요가 없고 시원하 고 담백하고 맵지 않은 평안도식 김치 한 가지면 족하다.

# 메밀묵

메밀은 여느 곡식에 견주어 단백질이 많이 들어 있고, 비타민 비원, 비투, 니코틴산 들이 있어 영양가가 높고 또 밥에 섞어 먹으면 밥맛을 좋게 한다. 이것을 갈아서 묵을 쑤거나 냉면의 원료인 메밀 국수를 만들거나 한다. 그런데 메밀은 본디 끈기가 있지만 열을 가하면 끊어져서 국수를 온전히 내기 어려우므로 메밀국수를 만들 때에는 밀가루를 삼십 퍼센트쯤 섞어 쓰는 것이 예사라고 한다. 그래서 백 퍼센트 메밀로 뽑는 국수는 없다고 한다.

메밀묵을 열두모쯤 만들려면 통메밀이 작은되로 세되쯤 든다. 먼저 더운 물에 담가 손으로 벅벅 문대 먼지나 흙을 씻어낸다. 그런 다음에 찬물에 담가, 그늘에서 일고여덟 시간쯤 불린다. 물에 담가 불리는 시간은 계절에 따라 조금씩 달리 하니, 여름철에는 대여섯 시간, 봄 가을에는 일고여덟 시간, 겨울철에는 반나절 담가 두어야 적당히 붇는다.

흔히 메밀묵은 빛깔이 옅은 잿빛 바탕에 까만 점이 촘촘히 박힌 것이라고만 알고 있기 쉽다. 그런데 잿빛 나는 메밀묵은 통메밀을 마른 상태에서 갈아 체에 밭인 하얀 가루를 물에 풀어 넣고 앙금을

메밀묵 무침에 드는 양념들. 소금으로 간을 하고 고춧가루와 참기름, 깨소금, 채 썬 파와 다진 마늘을 넣고 무쳐 담을 때에 김을 부수어 섞는다.

가라앉혀서 웃물은 따라 버리고 앙금을 끓는 물을 타서 쑨다. 이런 묵과는 달리, 얼추 도토리묵 비슷해 보이나 조금 검정빛이 도는 빛깔의 메밀묵이 있으니, 이것이 껍질채 물에 불려 갈아 체에 쳐서 쑨 "강태묵"이다. 예부터 메밀묵은 강태묵이라야 진짜 메밀내가 나서 맛이 구수하다는 말이 있다.

이것을 물에 젖은 채로 맷돌에 간다. 맨 아래에 가루를 담은 자배기를 놓고 그 위에 맷돌 다리를 얹고 또 그 위에 맷돌을 얹는다. 숟가락으로 물을 조금씩 치면서 맷손(맷돌 손잡이)을 돌려 간다. 지금은 농촌에서도 맷돌을 쓰는 이가 드물어서 골동품 가게에나 가야 맷돌 구경을 하는 형편이니, 간편하게 하려면 믹서를 사용한다. 메밀에 물을 조금 부어 갈되 너무 곱게 갈면 껍질이 자잘하게 부서져 빛깔이 너무 검어지므로 적당히 간다. 그러면 껍질이 부서져 두루 붉은 쌀뜨물 빛깔이 도는 걸쭉한 액체가 되어 나온다. 이것을 발이 고운 체에 밭혀 채 갈리지 않아 꺼끌꺼끌한 껍질을 다 걸러낸다.

이 액체에 물을 타서 섞는데 묵을 쑤려면 이 물의 양이 가장 중요하다. 물이 얼마쯤이야 적당하다는 기준을 정하기가 참으로 애매하니, 오랜 경험과 눈대중으로 맞출 수밖에 없다. 다만 억지로라도 적당히 물의 양을 맞추려면 본래 메밀이 작은되로 세되라면 물은 작은되로 일곱되쯤 부으면 그런대로 적당하다. 너무 되면 제대로 쑤어지지 않고 너무 묽으면 나중에 다 된 묵이 힘이 없어 툭툭 잘라진다.

이것을 소금으로 간 맞추어 가마솥에 붓고 끓인다. 여기에서 중요한 것이 불땀이다. 불땀이 너무 싸면 밑이 타거나 눌어붙고 너무 여리면 제대로 익지 않으니 말이다. 처음에는 중간 싸기로 불을 때다가 한바탕 끓어오르면 불을 줄인다. 여린 불로 천천히 끓이되 처음부터 쉬지 않고 죽 쑬 때처럼 계속해서 주걱으로 저어야 한다.

통메밀을 먼저 더운 물에 담가 손으로 벅벅 문대 먼지나 흙을 씻어낸 다음 찬물에 넣고 일고여덟 시간쯤 불린 다음 헹궈 소쿠리에 밭쳐 둔다.

이것을 물에 젖은 채로 맷돌에 간다. 간편하게 하려면 믹서를 사용하면 된다. 불은 통메밀에 물을 조금 부어 갈되 적당히 간다.

메밀 껍질이 부서져 두루 붉은 쌀뜨물 빛깔이 도는 걸쭉한 액체가 자배기에 떨어지면 이것을 발이 고운 체에 밭혀 껍질을 걸러낸다.

이 걸쭉한 액체에 물을 타서 섞는데 통메밀이 작은되로 세되라면 물은 작은되로 일곱되쯤이 적당하다. 이것을 가마솥에 붓고 끓인다. 끓는 동안 쉬지 않고 주걱으로 저어 주어야 한다.

주걱으로 저어 잘 안 들어갈 만큼 묵직하게 엉기면 거의 다 된 것이니 나무쟁반을 덮어 남은 불기운으로 뜸을 들인다. 나무로 짠 묵판에 젖은 베보자기를 깔고 퍼낸 다음 위를 판판하게 다듬는다.

그래야 바닥이 눌어붙지 않고 위아래가 골고루 익는다. 묵 만들기가 힘들다고 하는 말은 이것을 두고 하는 말이다. 한 이삼십분 그렇게 젓다 보면 팔과 손가락에 힘이 들어 아파지기 때문이다.

양이 많으면 그만큼 쑤는 시간이 길어지나 묵을 열두모 만들려면 한바탕 끓고 나서부터 이십분쯤 쑤면 넉넉하다. 주걱을 저어 잘 안 돌아갈 정도로 묵직하게 엉기면 거의 다 된 것이니 불을 끄고 뚜껑을 덮어 남은 불 기운으로 뜸을 들인다. 그런데 뚜껑을 솥뚜껑만으로 덮으면 김이 위로 올라왔다가 빠져 나가지 못하고 도로 묵 위로 떨어져 좋지 않으므로 김을 빨아들일 수 있는 나무쟁반을 솥뚜껑 밑에 까는 것이 좋다. 나무쟁반이 없거든 무명 베보자기를 덮고 그 위에 솥뚜껑을 덮는다.

잠깐 그렇게 놔 두었다가 나무로 짠 묵판에 젖은 베보자기를 깔고 퍼낸다. 위를 판판하게 주걱으로 다듬어 펴고서 굳힌다. 묵이 식으면서 위가 더 판판하게 펴지고 빛깔도 조금 짙어진다. 거의 식었으면 칼로 단번에 잘라 한모 크기로 썬다. 묵판이 없는 집에서는 아무 그릇에나 쏟아 굳혀도 괜찮다.

이제 메밀묵이 다 만들어졌다. 요새는 도토리묵 무침이 보편화되어서 묵무침 하면 그저 간장에 갖은 양념 넣어 버무리는 것쯤으로 알기 쉽다. 그러나 자세한 까닭은 알 수 없으되 메밀묵은 간장이 아닌 소금으로 간하고 고춧가루와 참기름, 깨소금, 채 썬 파와 다진 마늘을 넣고 무쳐 담을 때에 김을 설핏 부수어 섞는다고 천팔백년대 말에 씌어진 「시의전서」에 씌어 있다.

# 꼬리찜

흔히 잔치 음식하면 고기 요리 중에서 갈비찜이나 불고기가 떠오른다. 본디는 진귀한 음식이었겠으나 이제는 너무 식상한 음식이 된 듯하다면 돈을 조금 더 들이고 꼬리찜을 하는 수가 있다.

오래된 옛날 요리책을 뒤져보면 꼬리찜에 대한 설명이 없다. 그러나 소 한 마리에서 딱 꼬리가 그만큼밖에 나오지 않으니 찜을 하기보다 양이 많은 국을 끓여 여러 사람이 먹었으리라고 짐작할 수 있다. 게다가 찜은 우리의 고유한 조리 방식이고 보면 아마도 전래되는 동안에 변형된 음식일 수가 있다.

꼬리찜을 만들려면 꼬리말고도 쇠고기와 맛이 잘 어울리는 무, 표고버섯, 밤이 더 필요하고, 떡을 곁들여도 좋다. 또 고명으로 쓸 은행, 잣, 달걀, 붉은고추, 양념장에 넣을 파, 마늘이 필요하다.

먼저 푸줏간에 가서 쇠꼬리를 산다. 백화점이나 슈퍼마켓에서는 꼬리뼈를 도막도막 잘라 용기에 담아 팔지만 서울에서라면 마장동 소시장에 가면 눈으로 보고 좋은 꼬리를 골라 살 수가 있다. 거기에서는 꼬리의 털이 보이도록, 껍질을 다 벗기지 않고 남겨 두고 엉덩이 쪽까지 붙어 있는 채로 판다. 그 털의 빛깔이나 상태가 좋은 것인 꼬리찜에 드는 재료들. 쇠꼬리, 쇠고기와 맛이 어울리는 무, 밤, 표고버섯, 떡, 고명으로 쓸 은행, 잣, 달걀, 붉은고추, 그리고 양념장에 넣을 파와 마늘이 필요하다.

지를 가름한다. 상인들의 말에 따르면, 털빛깔이 누런색을 띠어야 한우임이 틀림없다고 한다. 한우가 아닌 소는 누런털 사이에 흰털이 드문드문 섞여 있어 쉽게 구별할 수 있다. 그리고 털이 푸석푸석해 보이지 않고 윤기가 나야 좋은 것이라고 한다.

꼬리를 사면 대개는 푸줏간에서 먹기 좋은 크기로 잘라 준다. 옛날에는 요새처럼 껍질을 싹 벗겨 버리지 않고 털을 불에 살짝 그을려 태워 없애고 껍질째로 고아 먹었다고 한다. 그렇게 해먹어 본, 이제 나이가 오륙십대에 든 부인들은 그것이 훨씬 씹는 맛이 부드럽고 구수하여 맛이 좋다고 말한다.

먼저 꼬리를 핏물이 빠지라고 찬물에 담가 두었다가 끓는 물에 넣어 십오분쯤 삶은 다음에 꼬리를 건져내고 국물을 식힌다. 이렇게 먼저 육수를 내는 까닭은 이렇다. 처음부터 양념장에 넣어 익히면 불 싸기를 조절하기가 힘들어 속까지 푹 익히기가 어렵고, 국물의 양이나 간을 맞추기가 까다로워서 그런다. 육수를 먼저 만들어

비린내와 누린내를 뺀 꼬리를 끓는 물에 십오분쯤 삶는다.

꼬리를 건져 양념장에 재운다. 국물은 식혀서 위에 뜬 기름을 걷어 낸다.

국물이 식는 동안에 다른 재료들을 준비해 둔다. 날 표고버섯을 끓는 물에 소금 넣고 슬쩍 데쳐 반 갈라 놓는다. 그 밖에 무를 썰어 놓고 밤을 깎아 둔다.

꼬리찜에 덧보탤 떡찜을 만들어 둔다. 흰떡을 칼집을 내어 사이에 양념한 다진 고기를 채운다. 흰떡이 굳었으면 끓는 물에 한번 삶아 쓴다.

식힌 국물을 다시 팔팔 끓여서 끓인 다음에 무를 집어넣는다. 무가 물렀다 싶으면 밤을 넣어 끓인다. 그동안 불은 계속 여리게 유지해야 한다.

밤이 익었다 싶으면 흰떡을 집어넣어 다진 고기가 익을 시간만 불에 두었다가 바로 내린다. 그릇에 담고 고명으로 은행과 잣, 달걀 지단, 붉은고추를 조금 얹는다.

꼬리찜 한 그릇. 뜨거울 때에 먹는
꼬리찜은 구수하고 깊은 맛이 있는
꼬리곰탕과는 또다른 맛을 지녔다.

두면 싼 불에서 꼬리의 겉이 푹 익었으니 양념장이 잘 배어들고,
국물의 양이나 간을 육수 넣어가며 적당히 맞출 수 있다.

국물이 식는 동안에 꼬리를 양념장에 재어 둔다. 양념장은 갈비찜
양념하듯이 만들면 된다. 진간장에 육수를 조금 섞어 조금 짜다
싶게 하고, 배 즙을 넣어 먹고 나서의 소화를 돕는다. 여기에 후춧가
루, 깨소금, 참기름, 곱게 다진 파와 마늘을 섞어 맛을 낸다. 흔히
음식점에서 파는 고기에 날파를 채쳐서 고기와 같이 굽곤 하는데,
그러면 파 맛과 향이 고기 속에까지 배어들지 않고 또 보기에도
지저분해 보이므로 아예 다져서 양념장에 섞는 것이 좋다.

국물이 식어 고기 부스러기가 가라앉고 위에 기름이 뜨거든 기름
을 걷어 내고 가만히 따라 맑은 국물을 끓이다가 아까 건져 둔 꼬리
를 넣어 다시 끓인다.

그동안에 꼬리찜에 넣을 다른 재료들을 미리 준비해 둔다. 곧

무를 두껍게 썰어 네 도막내어 어차피 푹 익으면 부스러질 세 귀퉁이를 조금씩 깎아 둥그스름하게 만든다. 표고버섯은 날것이면 끓는 물에 소금 넣고—버섯의 단물이 빠지지 말라고 그런다.—슬쩍 데쳐 반 갈라 놓고 날밤은 껍질을 벗겨 둔다. 여기에 흰떡을 보태면 좋다. 곧 떡찜을 응용하여 흰떡에 칼집을 내어 사이사이에 갖은 양념한 다진 고기를 채워 넣는다. 꼬리 하나가 값은 삼사만원 하나 찜을 할 수 있는 부위는 열몇쪽밖에 안 되니 여럿이 먹을 때에 흰떡을 곁들여 넣으면 양도 늘릴 수 있고, 맛도 썩 잘 어울린다. 흰떡이 굳었으면 끓는 물에 살짝 데쳐서 한다. 그리고 웃고명을 얹을 달걀지단을 부쳐 마름모꼴로 썰고, 은행을 기름에 볶아 껍질을 벗겨 둔다. 이렇게 미리미리 준비해 두어야 나중에 꼬리찜을 뜨거울 때에 바로 상에 올릴 수 있다.

꼬리가 한소끔 끓으면 무를 집어넣고, 무가 웬만큼 물렀다 싶으면 밤을 집어넣고, 밤이 익었다 싶으면 흰떡을 넣어 다진 고기가 익을 시간만 두었다가 바로 불에서 내린다. 떡은 이미 익은 재료여서 불에 오래 둘수록 풀어져 국물 맛이 탁해진다. 그동안은 계속해서 여린 불을 유지해야 한다.

다 된 꼬리찜을 움푹한 그릇에 담아 위에 달걀 지단과 은행, 잣, 그리고 붉은고추 썬 것을 아주 조금만 얹고 뜨거운 국물을 끼얹어 상에 낸다. 그래야 기름이 자르르 돌아 맛이 좋아 보인다.

꼬리찜은 뜨거울 때에 먹어야 맛이 좋다. 고기 요리의 진수로 흔히 찜을 치기도 하는데 꼬리찜은 정말로 그 맛이 어느 고기 요리보다 빼어나다. 양념이 깊숙히 밴 뼈 속 살이 쫀득쫀득하여 갈비찜이나 사태찜과는 또다른 맛을 준다. 갈비나 사태로 몸보신한다는 말은 없으나 꼬리는 몸보신 삼아 먹기도 하니 맛도 좋고 몸도 이롭게 하는 그야말로 일석이조가 된다. 게다가 남은 엉덩이뼈는 사태 살 조금 넣고 푹 고아 국을 끓여 먹어도 좋다.

# 족볶음

오십년대에 나온 방신영 씨가 엮은 「우리나라 음식 만드는 법」은 요즈음 나오는 요리책처럼 호화 양장판이 아닌 사진 한장 없이 깨알 같은 글씨만이 엉성하게 인쇄된 낡디낡은 책이지만, 그 안에는 우리나라 음식만 몇백 가지가 소개되어 있다.

"하거라", "할지니라" 같은 그 시대의 말투가 재미있는 그 책에서 찾아내어 해 봄직한 음식 하나가 족볶음이다.

우선 책을 베껴 보면 다음과 같다. "재료(큰 두 접시분)/쇠족 한개, 우유 반근, 간장 반홉, 석이 다섯 조각, 표고 다섯 조각, 후춧가루 조금, 무 중것 한개, 생강 조금, 밀가루 큰 한 숟갈, 물 두되." 여기에다가 파와 마늘을 더 쓴다.

족볶음을 만드는 방법을 그 책에서 옮겨 설명하자면 이렇다.

"1. 쇠족의 시꺼먼 가죽을 벗기고 잘 씻어서 대강 잘게 깨뜨려 솥에 넣는다." 그렇지만 요새는 정육점에서 깨끗이 손질하여 손님이 주문하는 두께로 전기톱으로 잘라 주니 집에서 할 일은 삼사십분쯤 찬물에 담가 피를 빼고 다시 깨끗이 씻는 정도이다.

"2. 고기와 무를 솥에 넣고 물을 붓고 오래 끓여서 잘 무르거든

달걀을 황백 갈라 부친 지단과 실고추와 함께 삼색 고명을 얹어 멋을 낸 족볶음

건진다." 쇠고기에서도 고소하고 졸깃졸깃한 사태를 쓰면 좋으니 뭉긋한 불에 한 시간 반쯤 끓이면 고기도 무도 잘 익는다. 그때에 굵은 파를 한 뿌리 넣으면 고기의 누린내가 가신다.

"3. 무는 골패쪽처럼 얄팍하게 썰어 놓는다." 나박김치 담글 때처럼 써는 것이다.

"4. 고기는 잘게 썰어서 무에 한데 섞고 국물을 약간 치되", 고기를 너무 잘게 썰려 하다가는 부서지기 쉬우니 적당히 한입에 들어갈 정도로 썬다. 그리고 쇠족에 붙은 우유 빛깔의 졸깃졸깃한 심줄 같은 것도 비슷한 크기로 썬다. 여기서 쇠족 곤 국물을 반컵쯤 치는 것은 나중에 밀가루를 개어 부었을 적에 눌어붙는 것을 막기

족볶음에 쓰일 재료들. 책에 적힌 대로 베껴 보면 쇠족 한개, 우유 반근, 간장 반홉, 석이버섯 다섯 조각, 표고버섯 다섯 조각, 후춧가루 조금, 무 중것 한개, 생강 조금, 밀가루 큰 한 숟갈, 물 두되가 필요하다. 여기에다가 파, 마늘, 달걀, 실고추를 더 쓴다.

위함이다.

"5. 표고와 석이를 씻어서 골패쪽처럼 썰어 넣는다." 표고를 골패쪽처럼 썰기보다는 오히려 가운데를 중심으로 하여 둘이나 서너 조각으로 나눈다.

"6. 여기다가 밀가루를 물에 풀어서 붓고 후춧가루와 생강 이긴 것과 간장을 치고 실고추를 넣고 다시 볶는다." 그러나 밀가루를 묽게 풀어 넣고 간장을 치면 음식 빛깔이 거무죽죽해지므로 그 대신에 소금으로 간을 한다. 그리고 다른 양념들과 더불어 마늘과 파도 다져 넣고 실고추는 볶은 뒤에 고명으로 얹어 멋을 낸다.

"7. 합에 담고 계란채를 뿌려서 놓으라" 했으니 그릇을 미리 덥혀

쇠족과 사태를 삼사십분쯤 찬물에 담가 피를 빼고 깨끗이 씻어 무와 함께 솥에 넣고 뭉긋한 불에서 한 시간 반쯤 끓인다. 그때에 굵은 파를 한 뿌리 넣는다.

다 익은 무를 건져 나박김치 담글 때처럼 썬다. 또 따뜻한 물에 미리 불려 둔 석이버섯을 무와 같은 모양으로 썰고 표고버섯은 가운데를 중심으로 하여 나눈다.

사태와 쇠족에 붙은 심줄 같은 것을 한입 크기로 썰어 냄비에 담고 썰어 놓은 무와, 석이버섯과 표고버섯을 넣어 볶는다. 이때에 쇠족 곤 국물을 반컵쯤 친다.

잠깐 볶다가 밀가루를 묽게 풀어 넣는다.

여기다가 후춧가루와 생강 이긴 것을 넣고 간장을 치면 빛깔이 거무죽죽해지므로 소금으로 간을 한다. 그리고 다른 양념들과 더불어 마늘과 파도 다져 넣는다.

두었다가 거기에 담고 달걀을 황백 갈라 지단을 부쳐 채쳐서 실고추와 함께 삼색 고명을 얹는다.

이 족볶음은 따뜻할 때에 먹어야 졸깃졸깃하고 제맛이 나므로 고기랑 무는 미리 익혀 두었다가도 양념하여 볶는 일은 상에 올리기 바로 전에 한다.

쇠족으로 해먹는 음식으로 큰 슈퍼마켓에서도 흔히 눈에 뜨이는 족편이 있다.

쇠족 두개를 큰 솥에 넣고, 물을 쇠족이 잠기고도 한참 올라올 만큼 붓고, 센불에 오래오래 고으면서 위에 뜨는 기름과 거품을 깨끗이 걷어 내고 도중에 사태를 넣는다. 국물이 걸쭉하게 졸았을 때에 사태와 뼈를 골라내고, 족에 붙어 있던 흰 부분은 곱게 다져 후춧가루, 소금, 생강즙으로 간을 하여 솥에 도로 넣고 조린다. 그것이 웬만큼 졸면 더울 때에 사태 잘게 썬 것, 달걀 황백 지단 부친 것, 석이버섯 채친 것, 잣, 실고추 들을 넣고 훌훌 섞어 편편한 그릇에 담아 식힌다. 식으면서 묵처럼 굳어지면 먹기 좋게 썰어 양념 간장에 찍어 먹는다.

듣기만 해도 침이 넘어가는 족편은 쇠고기 진국의 덩어리이니 영양도 만점일 뿐만 아니라 오돌오돌하면서도 쫀득쫀득하여 밥반찬뿐만이 아니라 술 안주로도 일품이다.

# 대하찜

　흔히 대하찜 하면 일본식으로 커다란 새우를 통째로 쪄서 초간장을 찍어 먹는 것으로 안다. 그러나 조선 시대에 교자상에 올리던 대하찜은 대하와 죽순, 쇠고기 편육, 오이 들을 저마다 조리하여 잣즙으로 버무린 것이다.

　대하찜을 만드는 과정은 다음과 같다.

　무슨 음식이거나 재료가 신선해야 제맛을 내듯이 대하찜 또한 성성한 대하를 써야 한다. 살이 부드러워 상하기 쉬운 것이 대하이니, 눈으로 보아 몸 빛깔이 탁하고 윤기가 없는 것, 들어 보아 몸이 축 처지거나 가볍게 느껴지는 것, 대가리와 몸통이 갈라진 것, 만져 보아 살이 무른 것은 상했거나 물이 좋지 않다고 보아야 한다.

　이런 점을 염두에 두고서 대하를 샀으면 깨끗이 씻어 통째로 베보자기를 간 겅그레에 얹어 찜통에 찐다.(이 대목에서 요리 상식 하나를 알아 두자. 곧 육류나 생선류를 찌거나 삶을 때에 국물을 먹으려면 처음부터 찬물에 넣지만 고기를 먹으려면 물이 끓은 다음에 넣어야 단백질이 바로 응고되어 파괴되지 않는다고 한다.) 대하를 너무 오래 찌면 살이 단단해지고 몸이 동그랗게 오그라들어 맛이나 모양

먹음직스러워 보이는 대하찜 한 접시. 재료마다 다른 빛깔이 넷 섞여 있으나 어지럽지 않다.

새가 좋지 않다. 그러니 센불에서 칠팔분쯤 쪄서 몸이 분홍빛을 띠거든 꺼내어 식힌다. 차게 식으면 대가리와 꽁지를 떼어내고 껍질을 벗긴 다음에 등에 칼집을 넣어 반으로 가른 것을 각각 또 반으로 어슷어슷하게 저민다.(그러니까 대하 한 마리에 모두 네 조각이 나온다.)

　대하를 찌기 전에 편육을 만들어 두면 시간이 절약된다. 본래 편육은 다 익은 고기를 베보자기로 싸서 저며 무거운 돌 같은 것으로 대여섯 시간쯤 눌러 두어야 기름기가 빠져 맛이 고들고들해진다.

　쇠고기를 사태나 양지머리를 골라 사서 아까 말했듯이 끓는 물에 집어넣고 한 시간 남짓 곤다. 젓가락으로 찔러서 젓가락이 더디

들어가거나 뚫린 구멍 사이로 피가 배어 나오면 덜 삶아진 것이니 젓가락이 푹 들어갈 때까지 삶아야 속까지 고루 익었달 수 있다. 다 익은 고기를 납작납작하게 썬다.

오이와 죽순은 대하를 찌고 고기를 삶을 동안에 조리해 둔다. 먼저 오이를 길이로 반을 갈라 어슷어슷하게 썰되 좀 두껍다 싶게 썬다. 두께가 너무 얇으면 소금에 절인 모양이 좋지 않아서 그런다. 오이는 소금에 살짝(한 오분쯤) 절여야 짜지 않고 모양이 늘어지지 않는다. 절인 오이를 물기를 꼭 짜내고 프라이팬에 참기름을 둘러 센불에 얼른 볶아내야 파릇파릇한 빛깔이 산다. 한편으로 죽순은 땅에서 난 것을 써야 맛이 제대로 나겠으나 겨울에는 통조림 죽순을 사서 쓴다. 고깔처럼 생긴 죽순을 길이로 반을 갈라 그대로 썰면 조각마다 빗살무늬가 난다. 그것을 오이와 마찬가지로 프라이팬에 참기름을 둘러 노릇노릇하게 볶는다.

대하찜은 본디 차게 식혀서 먹는 것이니 위의 재료가 식기를 기다리는 동안에 양념으로 쓸 잣즙을 만든다. 잣즙은 먼저 도마에 한지를 깔고(한지를 까는 까닭은 다질 때에 잣이 흩어지지 말라고 그런다.) 마늘 다지듯이 잘게 다진다. 깨소금 내듯이 짓찧으면 몸에서 나온 기름이 한지에 먹어 맛이 떨어진다. 그러므로 너무 곱지 않게 웬만큼 가루가 씹힐 만큼 다진 "잣가루"(잡채나 육회에 뿌리기도 하고 강정을 만들기도 한다.)에 육수를 붓고 참기름과 소금과 후춧가루를 넣어 숟가락으로 자꾸 저으면 잣가루가 즙을 내면서 몽글몽글해져서, 즙은 걸쭉해지고 빛깔이 좀더 뿌예진다.

대하를 비롯한 재료들이 차게 식으면 한데에 섞어 잣즙을 부어, 나물 무치듯이 하면 대하와 죽순이 으깨질 터이니, 젓가락으로 슬쩍슬쩍 버무린다.

대하찜은 재료들마다 씹히는 맛이 다르니, 살이 연한 대하는 폭신폭신하고, 잘 삶은 편육은 졸깃졸깃하고, 오이는 아삭아삭하고, 죽순

대하찜 한 접시를 만들려면 이런 재료들이 필요하다. 곧, 물이 좋은 대하가 다섯 마리, 편육을 만들 쇠고기 사태가 백 그램쯤, 죽순이 서너 조각, 오이가 두세 개, 그리고 잣즙으로 쓸 잣을 준비해야 한다.

잣즙을 만드는 데에 드는 재료들. 잣가루와 육수, 참기름, 소금, 후춧가루 들이 필요하다.

쇠고기를 사태나 양지머리로 사서 끓는 물에 집어 넣고 푹 곤다. 다 삶아지거든 식혀서 납작납작하게 저며 썬다.

싱싱한 대하를 샀으면 잘 씻어 통째로 베보자기를 깐 경그레에 얹어 찜통에 찐다.

찐 대하가 차게 식으면 대가리와 꽁지를 떼어내고 껍질을 벗긴 다음에 등에 칼집을 넣어 저민다.

은 설컹설컹하다. 거기에 흔히 양념으로 먹는 깨소금과는 또 다른 고소한 맛을 내는 잣즙이 속속들이 배어 있으니, 잔치 음식으로 아주 그만이다.

대하가 한 마리에 보통 천팔백원이나 해 값이 비싸서 해 먹기가 쉽지 않으면 대하 대신에 값이 싼 중하나 중간 크기의 조갯살을 써도 맛이 괜찮다. 곧 중하는 대하처럼 쪄서 그대로 또는 길이로 반으로 나누어 쓰고, 조갯살 또한 찌거나 끓는 물에 잠깐(통조개를 쓸 때에는 입을 딱 벌리면 그만 꺼낸다.) 삶아서 쓴다. 대하보단 살이 적어서 맛이 좀 떨어질지 모르나 중하나 조갯살이 그 나름대로 맛을 지녔으니 밥 반찬이나 술 안주로 손색이 없다고 하겠다.

오이는 길이로 반을 갈라 어슷어슷하게 썰어 소금에 오분쯤 절였다가 물기를 꼭 짜내고 프라이팬에 참기름을 둘러 센불에 얼른 볶아낸다.

죽순 또한 길이로 반을 갈라 그대로 썰면 조각마다 빗살무늬가 난다. 그것을 오이와 마찬가지로 참기름을 둘러 노릇노릇하게 볶는다.

다진 잣가루에 육수를 붓고 참기름과 소금과 후춧가루를 넣어 숟가락으로 자꾸 짓는다.

대하를 비롯한 재료들이 차게 식으면 한데 섞어 잣즙을 부어 젓가락으로 슬쩍 버무린다.

# 참게장

　서울 삼청동의 민씨 댁에서는 지금도 해마다 가을이 깊어지면 참게장을 담근다. 그리하여 양력 설에서 음력 설 사이에 이 집에 초대를 받거나 찾아온 손님은 참게장이 오른 상을 받곤 한다. 오랜만에—꽤 오랫동안 사람들은 거개가 참게장을 먹지 않았다.—이 게장을 마주한 손님은 처음에는 참게를 먹으면 큰일 난다는 따위의 오래 전에 들은 말 때문에 조금은 꺼림칙해 하다가 워낙 깔끔한 안주인의 성품을 아는 까닭에, 그리고 벌써 십년도 더 넘게 이 게장을 먹었어도 별 탈이 없었다는 주인의 말을 믿고, 용기를 내어 한 젓갈 먹고 나면 그 다음에는 아무리 좋은 반찬이 많아도 딴 것은 거들떠도 안 보고 오로지 게 한 마리로 밥 한 그릇을 후딱 비운다.

　참게장은 게를 고를 때부터 밥상에 올릴 때까지 온갖 정성이 들어가야 제맛을 내는 음식이다. 십일월에 접어들면 동대문 시장에 가서 북한강이나 임진강에서 잡힌 게 중에서 암놈만 골라 게를 산다. 굳이 북한강이나 임진강 게를 고집하는 것은 물이 따뜻한 낙동강이나 섬진강에서 잡힌 물고기를 먹고 디스토마에 걸렸다는 얘기는 들었어도 물이 찬 강물에서 잡힌 물고기를 먹고 디스토마에 걸렸다

하얀 접시에 담긴 참게 한 마리는 보기만 해도 군침이 돈다. 집게 다리 두개는 살이 많이 들어 있어 후벼 먹는 재미가 있으니 흔히 웃어른께 드린다. 나머지 다리 네쌍은 살과 알과 양념이 소담스럽게 담긴 등딱지 밑에 놓여 있어서 보이지는 않으나 그 속에도 살이 꽤 많다.

는 얘기는 들은 적이 없기 때문이라고 한다. 또 암놈만을 고집하는 것은 그 놈이라야 알을 밸 즈음에 등딱지 안에 단맛이 도는 장이 그득 차 있기 때문이다. 게를 뒤집어 보아 마치 갑옷처럼 무늬진 게 배때기의 가운데 배딱지가 좁은 것은 먹을 것이 변변찮은 숫놈이고, 그것이 넓은 것이 암놈인데 살도 숫놈보다 많고 찬 이슬이 내릴 즈음에는 알을 배고 있어서 맛이 좋다.

　이 게들은 산 채로 커다란 자배기 같은 데에 넣고 게가 충분히 잠길 만큼 맑은 물을 붓는다. 그러면 게가 품고 있던 흙을 뿜어내서 물이 흙빛이 되는데 이 물을 버리고 다시 물을 갈아 넣기를 여러 차례 되풀이하면서 대여섯 시간쯤을 보내면 게 속에 있던 흙이 거의

게 배딱지 속에다 넣는 양념
으로 채친 생강과 마늘 그리
고 실고추를 쓴다.

산 게를 넣은 자배기에 맑은 물을 부으면 처음에
는 금방 물이 흙빛으로 변한다. 산 게는 흙을 뿜어
내면서 자배기를 벗어나려고 끊임없이 애를 쓰니
내빼지 못하도록, 반드시 뚜껑을 덮어야 한다.

대여섯 시간쯤 흙을 뿜어낸 게를 솔로 씻고 있
다. 배딱지를 열면 그 속에도 입으로 뿜어내지
않은 흙이 들어 있으니 반드시 이것을 털어내야
한다.

마지막으로 간장을 끓여 붓기 전에 게 배딱지
속에다 양념을 넣고 있다. 게를 한 마리 한 마리
꺼내어 양념을 넣고 다시 항아리에 차곡차곡 담는
다.

양념까지 다 넣은 게 칠십 마리쯤을 담고 돌로
눌러 놓은 항아리다. 이 항아리의 아가리를 꼭꼭
봉하여 시원한 곳에 두면 한달쯤 뒤에 천하일품인
참게장을 먹을 수 있다.

등딱지에 붙어 있는 모래주머니를 떼어내려고
엄지 손가락을 조심스럽게 밀어 넣고 있다.

터뜨리지 않고 잘 떼어낸 모래주머니다. 이 안에는
모래가 들어 있어 잘 떼어야 한다.

옛날에는 위와 같이 볏짚으로 엮은 게 두름을 시장에서 볼 수 있었으나, 요즈음에는 흔히 커다란 그릇에 담아 놓고 한 마리씩 판다. 게 수요가 옛날만 못하기 때문인 듯하기도 하고 이처럼 엮은 두름에서 바쁜 현대인이 더는 아름다움을 느끼지 못하기 때문인지도 모르겠다.

다 나와 나중에 붓는 물은 그대로 맑다. 이때에 게가 든 자배기는 공기가 통하는 소쿠리 같은 것으로 덮고 무거운 것을 올려 놓아 그것이 벗겨지지 않도록 한다. 그러지 않으면 기운이 왕성한 게가 삽시간에 자배기를 빠져 나와 모두 뿔뿔이 내뺀다. 이처럼 게를 물에 담가 놓을 동안에 두부를 함께 넣었다는 집도 있고 선지를 넣었다는 집도 있는데, 그렇게 하면 흙을 뿜어내는 한편으로 생전 그런 것 구경도 했을 턱이 없는 게가 그것을 말끔히 먹어 치우는데 그것은 곧장 살이 되어 먹을 게 많아진다고 한다.

너무 오래 물에 담가 놓아도 좋지 않으니 대여섯 시간이 지나면 게를 한 마리씩 꺼내어 흐르는 물로 씻는다. 게를 씻을 때는 게 냄새가 배면 못쓰기 쉬우니 허름한 도마 같은 것을 따로 준비하여 게를 그 위에 올려 놓고 빳빳한 솔이나 수세미로 다리에 붙은 털이랑 배딱지 속에 든 흙 따위를 싹싹 문지르고 털어낸다.

다 씻은 산 게를 모두 항아리에 넣고 큰 게가 오십 마리쯤이라면 한되씩 서로 섞어 끓여 식힌 조선간장과 진간장을 게 위에까지 차도록 붓는데 이때도 또한 과일 바구니 같은 것을 덮어 게가 기어 나오지 못하게 한다. 이렇게 서너 시간이 지나면 게는 짠 간장 때문에 모두 죽고 만다. 대엿새가 지나면 그 간장을 따라 내어 다시 끓여 식혀 붓는다. 끓일 때에는 간장이 졸면 게장이 짜져서 맛이 없으니 간장 한복판이 들썩거릴 만큼 뭉긋한 중불에 올려 놓고 오륙분쯤만 끓이고, 끓을 때에 생기는 거품은 걷어 버린다. 옛날에는 이렇게 끓여 붓기를 한두 차례 하고 말았으나 디스토마 얘기가 나온 뒤로는 대엿새 만에 한번씩 적어도 서너번은 끓여 붓는다.

간장을 마지막으로 끓여 붓기 전에 항아리에서 게를 한 마리씩 꺼내어 배딱지를 젖히면 손가락 한 마디만큼 한 크기의 빈 방이 있는데, 거기에다가 미리 준비해 놓은 양념—가늘게 채를 친 생강과 마늘 그리고 빨간 실고추를 일대 이대 삼의 비율로 골고루 섞어 놓은 것—을 꽉 채워 넣는다. 옛날에 궁궐에서는 석이버섯과 밤도 채쳐서 넣었다고 한다. 이렇게 양념을 넣은 게를 한 마리씩 차곡차곡 항아리에 담고 식힌 간장을 붓고 아가리를 잘 봉해서 집 바깥 그늘진 곳에 한달쯤 두었다가 먹는다. 그때가 바로 양력 설쯤이 되는데 그때부터 먹기 시작하여 음력 설 안에 다 먹어야지 맛있다고 아껴 두었다가 입춘이 지나면 왜 그런지는 몰라도 맛이 간다.

참게장을 상에 올릴 때에도 담글 때에 못지 않은 정성이 필요하다. 게를 꺼내면 맨 먼저 배딱지를 떼어 버리고 그 안에 든 양념을 꺼내어 한옆에 잘 놓는다. 다음에 게의 등딱지를 떼어 그 안에 붙어 있는 모래주머니를 떼어 버린다. 모래주머니를 뗄 때에는 엄지 손가락을 살짝 밀어 넣어 조심스럽게 떼야 한다. 자칫 잘못하여 모래주머니가 터지면 그 안에 든 모래가 흐트러져 게살에 박혀 오랫동안 정성들인 게장을 먹을 수 없다.

그러고 나서 등딱지에다 모래주머니에 붙은 살을 말끔히 떼어 담고, 게를 반으로 쪼개어 빼낸 살과 알도 담고, 다리도 하나씩 떼어 내면서 넓적다리 쪽에 붙은 살을 깔끔하게 떼어낸다. 그리고 떼어낸 게 다리에서는 밑의 두 마디는 떼어 버린다.

그릇에 담을 때는 오목한 접시에다가 맨 처음 집게 다리를 위로 하여 다리 다섯쌍을 게 본디 모양에 가깝게 늘어놓고 그 복판 위에다 살과 알과 양념이 소복히 담긴 등딱지를 놓고 게를 담갔던 간장을 그것이 겨우 잠길 만큼 붓는다. 그러면 소담스런 모양이 되어 아주 먹음직스럽다.

# 대구 구이

　경상남도 마산 음식의 진수인 대구 구이는 곧 대구 양념 구이를 말하니, 대구를 포를 떠서 갖은 양념을 발라 숯불에 구운 것이다. 대구가 지닌 시원하고 쫀득쫀득한 맛이 혀에 짝 달라붙으니 과연 대구 요리의 진수라 할 만하다.

　쇠고기보다 맛이 좋다는 대구 구이를 만들려면 이렇게 한다.

　우선 물이 좋은 생대구를 한 마리 산다. 등에 기름이 반지르르하고 껍질이 거무스름한 색조를 띤 "창원 대구"라야지, 포항 대구처럼 크기만 하고 빛깔이 허연 놈은 맛이 없다. 생대구는 냉동 대구에 견주어 값이 다섯 곱절에서 크게는 열 곱절까지 차이가 나니 곧 냉동 대구가 백 그램에 삼백원 안팎이라면 생대구는 날마다 시세가 다르기는 하지만 대체로 백 그램에 천팔구백원 선을 왔다 갔다 한다. 그러니 크기가 어른 팔뚝 반 만한 것이 값이 이만원이 훨씬 넘는다. 그러나 나중에 해먹어 보면 알겠지만 생대구는 맛이나 영양에서 제 값어치를 너끈히 하고도 남는다.

　대구를 잘 씻어 도마에 올려 놓고 포를 뜬다. 요새야 동네 작은 생선 가게에서조차 사는 사람이 해달라는 대로 손질을 해주니 칼질

맛깔스런 대구 구이 한 접시. 숯불 기운으로 구워서 살이 쫀득쫀득하고 양념이 고루
배어 과연 마산 음식의 진수라 할 만하다.


이 서툰 사람이라면 아예 포를 떠올 수밖에 없다. 먼저 칼을 아가미
쪽으로 집어넣어 아가미와 알과 창자를 빼 다른 그릇에 놓고, 대가
리를 자르고 칼을 사십오도 각도로 뉘여서 천천히 반 갈라 나간다.
그러고서 먹기 좋고 보기 좋은 크기로 포를 뜬다.

　양념장은 미리 만들어 둔다. 대구가 싱싱해야 맛이 좋기도 하겠지
만 그래도 대구 구이 맛의 묘미는 사실 양념장에 달렸다. 진간장에
고춧가루, 후춧가루, 소금, 통깨, 참기름, 다진 마늘 들을 적당히
섞는다. 그리고 맛도 나고 모양도 나라고 채친 파와 실고추를 양념
장에 넣는다. 포를 뜬 대구를 접시에 늘어놓고 붓으로 양념장을
바른다. 연한 살이 부서지지 않도록 살살 다루되 살 깊숙이 간이

물이 좋은 생대구를 사서 씻어 도마에 놓고 포를 뜬다. 먼저 대가리를 잘라내고 아가미와 알과 창자를 끄집어 내어 다른 그릇에 둔다. 칼을 사십 오도 각도로 뉘여서 천천히 반을 가른다. 그리고 먹기 좋고 보기 좋은 크기로 포를 뜬다.

대구 구이를 만드는 데에 쓰이는 재료와 양념들. 싱싱한 대구 한 마리(몸무게가 일킬 로그램쯤이면 이인분쯤 나온다.)가 필요하고, 양념으로 다진 마늘과 고춧가루, 후춧가 루, 소금, 통깨, 참기름 들이 들고 고명으로 대파와 실고추가 든다.

양념장은 미리 준비해 둔다. 진간장에 고춧가루,
후춧가루, 소금, 통깨, 참기름 들을 적당히 섞고
다진 마늘을 넣어 맛을 돋운다.

포를 뜬 대구를 접시에 늘어놓고 숟가락으로 양념
장을 바른다. 깊숙이 양념이 배도록 골고루 두세번
끼얹는다.

숯불에 석쇠를 올려 놓아 잘 달군 다음에 양념장이 밴 대구포를 굽는다. 이때에 숯불
에 기름이나 양념장이 떨어져 타는 것을 막으려면 석쇠를 불에 올리기 전에 식초를
바르거나 기름 종이로 닦아 준다. 또 두꺼운 한지를 물에 적셔 깔아도 좋다.

배도록 양념장을 골고루 듬뿍 발라 준다. 그렇게 이삼십분쯤 두되 그 사이에 한두번 더 양념장을 끼얹어 준다. 그래야 대구포 앞뒤로 양념이 고루 배어 맛이 좋다.

대구에 양념이 밸 동안에 숯불을 준비해 둔다. 요새는 숯불을 쓰는 집도, 석쇠에 생선을 굽는 집도 아주 보기 드물다. 거개가 연료 기구로 사용하는 가스레인지에서는 석쇠에 생선 또는 고기를 굽기가 어렵다. 또 어찌어찌해서 잘 구워지더라도 숯불 구이 맛이 제대로 나지 않아 흔히들 프라이팬에 알루미늄 호일 깔고 굽거나 기름을 둘러 부치곤 한다. 그렇지만 여러 가지 조리 방법 중에 구이가 본디 식품이 지녔을 맛이 밖으로 빠져 나가지 않아 가장 맛이 좋다고 하니 그 값비싼 대구를 구으려면 어렵더라도 숯불을 준비해 보면 어떨까 싶다. 더군다나 요즈음엔 정육점이나 철물점에서 "일회용 바베큐 숯"을 팔기도 하니 한결 숯불 피우기가 쉬워지기도 했다. 그게 아니면 보통 숯을 두세 봉지(한 봉지에 오십원이다.) 사서 연탄 위에 올려 놓으면 쉽게 불을 피울 수 있기도 하다.

숯이 빨갛게 달아오르면 석쇠를 올려 놓아 달군다. 이때에 석쇠에 막바로 생선을 구우면 생선 기름이나 양념장이 떨어져 그을거나 타기 쉬우므로 두꺼운 한지를 물에 적셔 석쇠에 깔고 그 위에 생선을 올려 놓으면 생선 기름이나 양념장이 숯불에 바로 떨어지지 않으려니와 숯불이 생선에 직접 닿지 않아 타는 것을 막아 준다고 한다. 또 한지가 없거든 식초를 석쇠에 뿌리거나 기름을 적신 종이 타월로 석쇠를 닦아내는 것도 한 방법이 된다.

석쇠가 웬만큼 달구어지면 양념이 밴 대구포를 올려 놓고 굽는다. 그때에 화로 구멍은 살짝 막아 준다. 위아래가 고루 익도록 석쇠를 두세 차례 뒤집어 굽는다. 살이 연한 만큼 오래 굽지 않아도 익을 뿐더러 그래야 대구 맛이 산다.

# 갈치 조림

  강이 많고 바다를 세 면에 끼고 있는 이 땅에 사는 사람들은 옛날
부터 생선을 즐겨 먹었다. 철따라 나는 생선을 저마다 그냥 먹기도
하고, 절이거나 말려서 갈무리해 두었다가 철이 지난 다음에 먹기도
했다. 그 종류도 갖가지라 바람이 따뜻해지는 봄부터 서해의 연평도
부근에서 잡히는 알 밴 조기, 바람 찬 겨울이면 너르디 너른 동해에
서 잡히는, 북해에서 알 낳으러 내려온 명태 들을 비롯하여 고급
생선으로 연어, 도미, 대구, 숭어 들이 있으며, 좀 흔하다 싶은 것으
로 고등어, 꽁치, 갈치 들을 즐겨 먹었다.

  서민들의 밥상에 많이 오르는 갈치는 우리가 자주 먹는 생선으로
가장 날씬하여 몸길이가 보통 1 미터에서 1.5 미터쯤까지 된다.
다른 물고기와는 달리 배지느러미와 꼬리치느러미는 없고 등지느러
미가 머리에서 꼬리까지 길게 이어져 붙어 있으며, 비늘이 없고
몸 빛깔은 은백색이다.(이 갈치 껍질의 구아닌이 색조 화장품의
"펄"이 되기도 하고, 인조 진주의 재료도 된다.) 주둥이가 크고 이빨
이 발달한 갈치는 꽤 사나운 물고기에 들며 자기네들끼리 꼬리를
잘라 먹기도 한다. 그래서 동류끼리 서로 모해함을 갈치에 비추어

깔끔하게 담긴 갈치 조림 한 그릇

"갈치가 갈치 꼬리 문다"라는 속담이 생겨나기도 했다. 그러나 갈치에 얽힌 속담으로 그렇게 나쁜 것만 있는 것은 아니어서 "값싼 갈치 자반 맛만 좋다"라는 싸면서도 품질이 좋은 것을 일컫는 말도 있으니 성질 사나운 갈치가 안다 해도 그리 화낼 일만은 아니겠다.

아무튼 갈치는 싸면서도 맛이 좋다. 특히, 너무 자란 것보다는 중간 크기의 갈치가, 그리고 새벽과 아침녘에 잡힌 갈치는 더 맛이 좋다. 이것도 여느 생선과 마찬가지로 회부터 구이, 조림, 찌개, 자반까지 여러 가지로 해먹을 수 있다. 그렇지만 이 생선은 꽤 비린 축에 들고, 살이 물러 쉬 상하므로 회는 바로 잡아 그 자리에서 신선한 맛을 즐길 수 있는 바닷가에서가 아니면 좀처럼 구경하기 힘들며

주로 구워 먹거나 조려서 먹는다. 구워 먹는 방법이야 단순한 편이어서 독특한 맛을 내기 어렵지만, 조림을 하는 경우에는 양념을 비롯하여 다른 재료들이 들어가기 마련이므로 그것들을 얼마만큼씩 넣느냐에 따라 집집마다 고유한 맛을 내기도 한다.

조림을 할 요량으로 갈치를 살 때에는 은빛이 고루 반짝이는 놈으로—오래 되고 사람의 손이 많이 간 놈은 그 빛깔이 바래고 벗겨져 얼룩덜룩하다.—가장 큰놈은 제쳐 놓고 중간치를 고른다. 그리고 갈치와 함께 조릴 무를 마련한다. 무는 크기가 옆에서 보아 손바닥만하고 옹골지며 무청이 싱싱한 것으로 한다.

먼저 갈치는 내장을 빼내고 길이가 칠 센티미터쯤 되는 길이로 토막을 친다. 그것들을 은빛깔이 거의 벗겨질 만큼 깨끗이 닦아 낸다.

무청은 잘라 끓는 물에 얼핏 데쳐서 찬물에 헹궈 꼭 짜서 한옆에 놓아 두고, 무는 가로, 세로가 저마다 사 센티미터쯤, 두께가 이 센티미터쯤 되게 도막도막 자른다.

토막낸 무를 넓은 냄비에 넣고 참기름과 고춧가루를 조금씩 치고 불을 세게 하여 슬쩍 볶는다. 매운 맛을 들이고, 빛깔을 내기 위함이다. 그 뒤에 무를 가지런히 깔고 그 위에 갈치 토막들을 얹고 뚜껑을 덮고 불의 싸기를 좀 줄인다.

곧 이어 미리 준비해 두었던 양념 간장을 붓는다. 양념 간장은 보통 무청이 삶아질 동안에 준비하는데, 진간장과 청주를 저마다 한컵쯤씩 따라 서로 섞고 거기에다 마늘, 파, 생강 다진 것, 깨소금, 참기름을 한 숟갈씩 넣고, 고춧가루는 입맛에 따라서 넣거나 말거나 한다. 양념 간장을 그냥 죽 부으면 간장이 다 밑에만 깔려 무에만 간이 배니, 일일이 숟가락으로 떠서 갈치 토막 위에다 고루고루 얹어 준다.

그렇게 하고 한 십분쯤 지나면 냄비를 살짝 기울여 안옆에 고인

갈치 조림에 넣을 여러 재료들 무는 무청이 싱싱
하고 통통한 것이 맛이 좋다. 그러나 이런 무청
이 없으면 말려 두었던 것을 삶아 써도 맛이
괜찮다.

양념 간장이 될 여러 양념들. 생선을 조릴
양념 간장을 만들 때에는 맹물을 쓰지 않고
반드시 청주를 쓴다. 맹물은 생선의 비린
맛을 되살려내고 청주는 그 맛을 없애 주기
때문이다.

무는 가로 세로가 저마다 4 센티미터쯤, 두께가
2 센티미터쯤 되게 큼직큼직하게 자른다. 갈치
한 마리에 무 하나꼴로 넣으면 된다.

도막낸 무를 넓은 냄비에 넣고 참기름과 고춧가루
를 조금씩 치고 불을 싸게 하여 슬쩍 볶는다.

매운 맛이 들고 붉은빛이 살짝 도는 무 도막들
을 바닥에 깔고 7 센티미터쯤 되게 토막친 갈치들
을 가지런히 얹고 불을 좀 줄인다.

그 뒤에 미리 준비해 두었던 양념 간장을 붓는
다. 그때 그냥 죽 부으면 간장이 다 밑에 깔려
무에만 간이 배니, 숟가락으로 떠서 갈치 토막마
다에다 고루고루 얹어 준다.

한소끔 끓은 뒤에 냄비를 조금 기울여 한옆에
고이는 끓는 간장을 숟갈로 떠서 갈치 토막들
위에다 연거푸 끼얹어 준다. 그리 해야 살이 무른
갈치가 모양이 반듯하며 간도 고루 밴다.

웬만큼 간도 배고 다 익었다 싶을 때에 데쳐 두었
던 무청을 셋으로 잘라 꽁꽁 뭉쳐서 양념 간장
이 고인 데에 담가 넣고 함께 조린다.

갈치 조림 49

끓는 간장을 떠서 갈치 위에다 연거푸 끼얹어 준다. 그렇게 해야 살이 부스러지기 쉬운 갈치가 모양이 반듯하니 그대로 있으면서 간도 고루 든다

웬만큼 간도 배고 익었다 싶을 때에 데쳐 두었던 무청을 셋으로 잘라 꽁꽁 뭉쳐서 양념 간장이 고인 쪽에다 담가 넣고 조린다.

만약에 조리는 동안에 국물이 모자라더라도 절대로 그냥 물을 넣지는 않는다. 생선을 조릴 때에 그냥 물을 쓰면 비린 맛이 살아나기 때문이다. 따라서 반드시 국물이 더 필요하면 멸치를 넣어 끓인 물을 냄비 가장자리에 돌려 붓는다.

이것을 식혔다가 먹기 전에 다시 한번 덥혀 먹으면 더 맛이 난다. 그렇게 조린 갈치는 무를 많이 넣어서 맛도 달거니와 함께 넣은 무청의 맛이 매우 독특하여 먹어 본 사람만이 본을 뜬다.

그런 조림말고 갈치를 갈무리해 두었다가 먹는 방법으로 갈치 자반이 있다. 갈치의 대가리를 잘라내고 등지느러미를 꽁지에서부터 단단히 붙잡고 죽 잡아당기면 끊어지지 않고 다 빠진다. 그 뒤에 내장을 꺼내고 은빛 껍질을 긁어 닦아내고 정하게 씻어 기름하게 토막쳐서 항아리에 가지런히 담으면서 켜켜이 소금을 뿌려 두면 한해 동안 두고두고 반찬으로 쓸 수 있다. 자반은 그대로 구워 먹기도 하고, 무를 썰어 넣고 고춧가루를 조금 치고 지져도 맛이 좋다.

# 알젓 찌개

이 세상엔 아무짝에도 쓸모없는 생물도 많건마는 바다에 사는 명태는 요리 조리 발려 보면 버릴 것이 거의 없다. 잡힌 생선 그대로 는 명태, 얼린 것은 동태, 말린 것은 북어, 그 알은 명란, 그 창자는 창란이라고 저마다 상태나 부위에 따라 이름이 있음으로 미루어 보아서도, 이 생선 하나가 얼마나 다양하게 요리되는지를 짐작할 수 있겠다.

북태평양을 누비며 살다가 십이월에서 이월까지에 알을 낳으러 따뜻한 곳을 찾아 우리나라 동해 북부로 찾아드니, 그때에 잡힌 명태는 암컷이면 당연스레 알도 많고 하여 영양도 많고 맛도 좋다. 그리하여 예부터 겨울 밥상에 중요한 영양 공급원 구실을 해 왔다.

명란으로 담근 젓갈인 명란젓은 오래 두고 먹어도 좋으니, 초겨울 부터 명란젓통이 바닥날 때까지 요모조모로 해먹는다. 명란은 명태 가 동해 북부 곧 함경도 연안에서 많이 잡혔던 만큼 북한에서도 특히 함경도 사람들이 즐겼고 서울이나 경기도, 강원도, 그리고 전라 북도 사람들도 곧잘 해먹었으나, 더 남쪽에 사는 사람들은 평소에 갖가지 젓갈을 담가 먹으면서도 명란젓은 그리 잘 먹지는 않았다.

알젓 찌개에 들어갈 재료 여러 가지. 명란이 이백 그램쯤이라면, 조선 무 통통한 것 반개, 쇠고기 백오십 그램쯤, 두부 반모와 양념들이 필요하다. 양념으로는 새우젓 과 빨간고추말고도 굵은 파, 마늘, 고춧가루, 참기름 들이 있어야 한다.

뚝배기에 끓여 그대로 상에 올린 알젓 찌개. 새우젓으로 간한 찌개가 흔히 그렇듯이
그 국물이 시원하여 입안에서 알을 터뜨려 먹는 재미나 씹는 맛이 고소하다.

굵기가 일 밀리미터쯤 되도록 채친 무와 잘게
썬 쇠고기를 뜨겁게 달군 뚝배기에 참기름 두르고
고춧가루 치고 파, 마늘 양념하여 볶는다. (왼쪽)
무에 고춧가루 물이 들어 불그레해지면 물을
한 사발쯤 붓고 펄펄 끓이다가 새우젓으로 간을
한다. 나중에 넣는 명란젓에서도 간이 배어 나오니
아주 심심하게 한다. (가운데)
그리하여 한소끔 끓은 뒤에 명란을 넣는다. 그리고
명란이 다 익었을 즈음에 두부를 먹기 좋을 만한
크기로 썰어 넣고 굵은 파와 빨간고추도 어슷하게
썰어 얹는다. (오른쪽)

달리 맛난 젓갈이 많아서 그런 듯도 하다.

명란젓으로 끓이는 맛난 찌개가 알젓 찌개이다. 알젓 찌개는 이렇게 끓인다. 먼저 명란이 이백 그램쯤이라면, 조선 무 통통한 것 반개, 쇠고기 백오십 그램쯤, 두부 반모,—요즈음 두부는 옛날 것으로 치자면 한모—양념으로 굵은 파 한 뿌리, 마늘 반통, 참기름 한 순갈, 빨간고추 한개, 고춧가루 큰 숟갈로 반, 그리고 간 맞출 때에 쓰일 새우젓 조금이 필요하다.

맨 먼저 무를 너무 굵지도 않고 가늘지도 않게 곧 두께가 일 밀리미터쯤 되도록 채친다. 쇠고기는 잘게 썬다. 뚝배기를 달구어서 무와 쇠고기를 넣고 참기름을 두르고, 파, 마늘 다진 것과 고춧가루를 넣고 볶는다. 고기의 겉이 익어 빨간 빛깔이 검은 살빛으로 변할 즈음이면 무에 고춧가루 물이 들어 불그레해진다. 그때에 물을 한 사발쯤 붓는다.

물이 끓기 시작하면 맹물의 싱거운 기가 가실 만큼만 새우젓을 조금 넣는다. 이 찌개는 새우젓으로 간을 하는 것이 특색이니 새우젓이 없으면 간장을 쓰지 않고 소금을 넣는다.

그리고 또 한소끔 끓인 뒤에 명란젓을 넣는다. 명란젓의 알덩이가 크면 두세 토막을 내고, 작으면 그냥 넣는다. 명란을 넣을 때에는 국물이 팔팔 끓을 적에 넣어야 알의 모양이 단단하게 그대로 굳어진다. 그러지 않으면 알이 풀어져서 찌개가 지저분해지고 맛도 덜하다. 명란은 국물에 들어가자마자 조그맣게 쫄아들어, 도막낸 것은 마치 사내아이 고추같다.

명란이 다 익었을 즈음에 두부를 썰어 넣고 또 한번 끓이면서 굵은 파와 빨간고추를 어슷하게 썰어 넣는다.

뚝배기에다 그렇게 끓인 알젓 찌개는 새우젓으로 간한 찌개가 흔히 그렇듯이 그 국물이 시원하며 그리고 무엇보다도 입안에서 알을 터뜨려 먹는 재미와 씹는 맛이 고소하다.

그 알젓 찌개도 좋지만 명란젓을 그대로 잘게 여러 도막으로 잘라 참기름을 살짝 바르고, 이 센티미터쯤 되게 도막내어 다시 세로로 가늘게 채친 굵은 파를 함께 곁들여 먹는 것도 좋다.

또 뚝배기에 달걀을 풀어 거기에 물을 달걀의 반만큼 보태어 붓고 송송 썬 파와 잘게 자른 명란을 넣고 새우젓으로 간하여 찐 알찜도 맛있다.

그렇다면 그처럼 여러 가지로 해먹을 수 있는 명란젓은 어떻게 담글까?

명란이 큰 것 쉰개쯤이라면, 소금이 세홉 반, 고춧가루 두홉, 깨소금 조금, 생강 조금, 마늘 깐 것으로 한홉이 필요하다.

명란을 잘 씻어 소쿠리에 담아 물기를 뺀 뒤에 자배기에 펼쳐 담고 소금 세홉을 골고루 뿌려 한 열 시간쯤 재운다. 다시 소쿠리에 담아 소금물을 빼고, 그것을 미리 준비해 둔 양념들—소금 반홉, 마늘 이긴 것, 고춧가루, 깨소금, 생강 다진 것들을 한데 섞은 것 —로 살살 버무려 항아리에 담고 위에 고춧가루를 한번 더 흩뿌려 죽 봉해 두었다가 두 이레쯤 지난 뒤부터 먹는다. 이렇게 담근 명란 젓은 공장에서 담근 명란젓과는 달리 빛깔이 들어가 있지 않아 더 자연스러워 보인다.

# 비지 찌개

옛날에는 "싼 게 비지떡"이라고 하며 두부를 만들고 남은 찌꺼기인 비지로 만든 음식을 아주 값싸게 여겼다. 그렇지만 가난한 사람이 먹는 떡이라고 해서 빈자떡이라는 이름이 붙었던 것이 요새는 갖가지 고명이 얹혀져 빈대떡이라고 불리는 별미로 대접받고 있듯이, 비지 찌개도 이제는 여러 가지 재료를 넣고 끓여 헐한 음식의 대열에서 벗어난 지 오래다. 더군다나 두부를 만들고 남은 찌꺼기로 만든 것이 아닌 콩을 간 "원액" 그대로를 써서 만든 비지 찌개는 더욱더 그렇다.

재료로는 콩—두부를 만드는 데에 쓰이는 흰콩—이 두홉이라면 돼지갈비 두세대, 잔배추 한단과 생강을 비롯한 갖은 양념 그리고 청주가 필요하다.

먼저 콩을 깨끗이 씻어 돌을 골라내고 물에 담가 불린다. 하룻밤쯤 지나면 콩이 물을 머금어 크기가 곱절쯤으로 자란다. 콩을 물에 담가 놓고 돼지갈비와 배추도 손질한다.

돼지갈비도 먹기 좋게 이삼 센티미터쯤의 길이로 토막낸다. 그리고 양념이 고루 배도록 갈비에 붙은 살에 칼집을 낸다. 그 뒤에 불고

질박한 뚝배기에 담아 더 우리 음식다워 보이는 비지 찌개

기 양념하듯이 갖은 양념을 하는데 이때에 빠뜨리지 말아야 할 것은
생강이니 그것을 강판에 곱게 갈아 꼭 짜서 즙을 내어 함께 넣는
다. 반대로 그때에 넣지 말아야 할 것이 있으니 그것은 설탕이다.
비지가 아주 달아서 설탕을 넣지 않아도 맛이 달기 때문이다. 그렇
지만 그 단맛은 설탕의 단맛과는 다름은 두말할 나위도 없겠다.
또 이른바 돼지내를 빼고 고기를 연하게 하기 위해 여느 돼지고기
음식에 흔히 쓰는 청주가 여기에도 빠지지 않고 쓰이니 한두 숟갈쯤
넣는다. 그 다음에 조선간장으로 간을 하여 주물주물 무쳐 콩이
불을 동안 그대로 두면 속속들이 골고루 간이 밴다.
　또 줄기가 부드러운 잔배추를, 퍼런 겉잎은 잘라내고 끓는 물에

흰콩. 이름은 흰콩이지만 실제로는 엷은 노란 빛을 띠고 있다. 우리나라에서는 콩이 여러 종류가 나오지만 그 중에서 가장 흔한 것이 이 흰콩으로 두부를 만들거나 메주를 쑬 때에 쓴다.

콩을 물에 담가 하룻밤쯤 불린다. 이렇게 불린 콩을 맷돌이나 믹서에다 가는데 물의 분량은 콩이 자작자작 잠길 만큼이면 된다.

돼지갈비와 배추 무쳐 두었던 것을 센불에 볶다가 그것들이 잠길 만큼 물을 붓고 뭉긋한 불에 오랫 동안 끓인다.

얼른 데쳐 내어 찬물에 헹궈 또한 먹기 좋은 길이로 잘라 파, 마늘, 참기름, 고춧가루, 조선간장을 넣고 버무려 두어 간이 골고루 들게 한다.

그와 같은 준비는 저녁 때에 먹을 것이라면 아침 나절에 해 두어도 될 것이다.

콩이 다 불었으면 맷돌이나 믹서에 가는데 물의 분량은 불은 콩이 자작자작하게 잠길 만큼이면 된다. 콩이 곱게 갈아졌으면 한켠에 두고, 간이 밴 돼지갈비와 잔배추를 큰 그릇에—양이 많으면 두꺼운

돼지갈비는 먹기 좋게 이삼 센티미터 길이로 잘라, 양념이 잘 배도록 갈비에 붙은 살에 칼집을 내어 갖은 양념을 하여 무친다. 이때에 빠뜨려서 안 될 양념으로 생강이 있고 설탕은 안 넣는다.

잔배추도 미리 손질을 하여 둔다. 배추 겉잎은 떼어내고 부드러운 속대를 살짝 데쳐 알맞은 길이로 잘라 온갖 양념을 하여 무쳐 간이 배도록 오랫동안 놓아 둔다.

돼지갈비에 붙은 고기가 다 익었다 싶으면 갈아 놓은 비지를 붓고 콩비린내가 가실 만큼만 잠깐 동안 끓인다.

양념 간장 한 종지. 이때에 쓰이는 간장은 진간장이다. 이처럼 양념 간장을 만들어 상에 올려 사람마다 입맛에 따라 간을 맞춰 먹도록 한다.

냄비, 적으면 큰 뚝배기에—넣고 중간 싸기의 불에 볶다가, 거기에 그것들이 잠길 만큼 물을 붓고 뭉긋하게 오래 끓인다. 그리하여 돼지갈비에 붙은 고기가 다 익었다 싶으면 미리 갈아 놓은 콩비지를 붓고 콩비린내가 가실 만큼만 잠깐 끓여 낸다.

그때에는 따로 간을 하지 않는다. 그리고 진간장으로 따로 양념 간장을 마련해 비지 찌개와 나란히 상에 올려 사람마다 먹을 만큼 덜어 입맛에 따라 간을 맞춰 먹도록 한다. 옛날에도 비지 찌개에는 따로 간을 하지 않았지만 요새 사람들은 점점 더 심심하게 먹는 경향이 있어 더욱더 그러하기도 하거니와 돼지갈비와 배추 무쳐 놓은 데서 간이 배어 나와 양념 간장을 치지 않아도 먹을 만하다.

한편으로 특히 국물을 좋아하는 경우에는 콩을 갈 때에 물을 좀 나우 붓기도 한다. 그리하면 나중에 찌개 국물이 넉넉하여 국처럼 밥을 먹을 수도 있다.

이쯤 얘기를 들으면 여느 비지 찌개를 먹어 본 이라면 그 맛이 어떨지를 상상해 봄 직하다. 우선 그 국물이 달고 고소하며 이른바 돼지내도 안 나고 연해 맛이 있고, 배추가 들어갔으니 씹히는 맛도 그만이 아니겠는가. 그런가 하면 밭에서 나는 고기라는 콩으로 만든 음식인 만큼 영양도 풍부하겠다.

# 김치 저냐

　한반도 안에서 지방마다 먹는 것이 다르면 얼마나 다르랴 싶겠지만, 그래도 저마다 그 나름대로 특색이 있다. 서울 음식을 두고 말하자면 우선 깔끔한 것을 그 특징으로 꼽을 수 있다. 그리고 그 특징을 가장 잘 드러내는 것에 저냐가 든다. 나날이 먹는 밥상에도 가끔씩 오르지만 잔칫상에서는 거의 빠지지 않고 오르는 것 곧 우리가 흔히 전유어라고 부르는 저냐는 전형적인 서울 음식이라고 함 직하다. 다른 지방에서도 이 같은 부침개가 없는 것은 아니나 서울에서처럼 깔끔하게 해먹는 데는 드물고 거개가 납작하고 크게 지져서 상에 놓을 때에 잘라 놓은 것이다. 그 저냐의 한 가지로 김치 저냐를 소개한다.

　재료로는 김치, 고기, 움파, 그리고 파, 마늘, 참기름, 깨소금, 후춧가루 따위의 갖은 양념이 필요하다. 먼저 알맞게 익은 김치를 깨끗한 물에 슬쩍 빨아 꼭 짠다. 김치는 살이 도톰한 줄기만 쓴다. 김치를 썰 때에는 먼저 길이가 오 센티미터쯤 되게 가로 썰고 그것을 다시 폭이 1.5 센티미터쯤 되도록 세로 썰어 참기름과 깨소금을 넣고 바락바락 무친다. 쇠고기로는 기름기가 없는 대접살이나 도가

김치의 줄기만 쓴다. 먼저 길이가 5 센티미터쯤
되게 가로 썰고, 그것을 김치 결을 따라 1.5 센티
미터쯤 되게 세로 썬다.

김치 저냐의 주요 재료들. 마침
맞게 익은 김치와 기름기가 없는
대접살, 그리고 청파가 있다.
본디 여린 움파를 써야 하나
움파가 없을 때에는 청파에서
한꺼풀을 벗겨 내면 나오는 여린
속대를 쓰기도 한다.

쇠고기는 두께가 너비아니를 할 때보다 더 도톰하고 김치보다 조금 크게 썰어 갖은 양념하여 무치고, 썰어 놓은 김치도 참기름과 깨소금을 넣고 무친다. 그리고 움파는 김치와 같은 길이로 썬다.

꼬챙이에 꿸 때에는 김치, 고기, 움파, 고기, 김치의 차례로 꿴다. 네 손가락을 붙여서 재료를 받쳐야 꿰면서 모양을 볼 수 있다.

무슨 재료를 쓰거나 밀가루를 묻히고 달걀옷을 입혀 번철에 지진 것을 저냐라고 한다. 따라서 김치 저냐를 할 때에도 이런 과정을 거친다.

저냐의 모양이 반듯해지도록 번철에 올려 놓을 때에 잘 다독거린다. 그리고 불을 잘 조절하여 지져야 타지 않고 노릇노릇하게 잘 익는다.

니살을 골라 두께가 사오 밀리미터쯤 되게 결에 따라 썰되 김치보다 조금 더 크게 썬다. 그렇게 해야 지지면 열을 받아 쇠고기가 크기가 줄어들어 김치와 같아진다. 이렇게 썬 쇠고기는 불고기 양념하듯이, 파, 마늘, 참기름, 깨소금, 후춧가루, 그리고 설탕을 조금 넣고 또 바락바락 무친다. 그리고 나중에 번철에서 지질 때 쇠고기가 덜 익을지 모르므로 미리 살짝 볶을 수도 있다. 끝으로 응달에서 햇빛을 보지 못하고 자란 연노랑빛을 띠는 움파에서 아기의 속살처럼 여릿여릿한 줄기를 골라내어 김치와 같은 길이로 썬다.

겨우 내내 먹는 김장으로는 김치국이나 김치 찌개뿐만이 아니라 김치 저냐 같은 "별식"도 해먹을 수 있다. 놋그릇에 담아 아랫목에 묻어 두었다가 따끈따끈한 채로 상에 올린다.

준비된 재료를 댓개비 같은 꼬챙이에 꿰는데 순서는 김치, 쇠고기, 움파, 쇠고기, 움파 순으로 꿴다. 이처럼 채소와 채소 사이에 고기를 꿰는 것은 고기 맛이 고루 가게 하려는 것이다. 이처럼 꿴 꼬치에 밀가루를 살짝 묻혀 소금을 치고 미리 풀어 놓은 달걀에 담갔다 꺼내어 번철에 올려 놓고 지진다. 그런데 대하 곧 왕새우와 같이 거의 색이 없는 것으로 저냐를 지질 때는 달걀옷을 입힐 때에 흰자위와 노른자위를 따로 풀어 거기 담가 지지면 노란 저냐와 흰 저냐가 생겨서 그릇에다 색색으로 번갈아 담기도 했다. 지질 때에 번철이 너무 달구어지면 속은 제대로 익지 않고 겉만 갈색으로 타므로, 그렇게 되지 않도록 불을 조절해 가면서 노릇노릇하게 골고루 지져 낸다. 또 번철에 올려 놓을 때에는 모양이 이지러지지 않고 반듯하도록 처음부터 잘 다듬으면서 놓는다. 옛날에는 노란 색깔이 예쁘게 나도록 치자물을 쓰기도 했다는데 요즈음에는 그런 집을 보기 힘들다. 아무튼 노릇노릇하게 잘 지져진 저냐는 대나 싸리개비로 엮은 채반에 죽 늘어놓아 기름을 뺀다. 플라스틱으로 만든 채반이 공장에서 쏟아져 나온 뒤로 값이 싸고 닦기 좋으니까 이것을 흔히 쓰나 플라스틱은 품위가 없는 것은 그만두더라도 기름을 빨아들이지 않으므로 이처럼 기름에 지진 저냐 따위를 받쳐 놓기엔 좋지 않다.

상에 올리기 전에 꼬챙이를 빼고 가장자리에 너덜거리며 붙어 있는 달걀은 도려내고 반듯하게 해서 그냥 놓기도 하고 먹기 좋게 썰어 놓기도 한다. 그리고 이 음식이 겨울 음식인 만큼 이것을 담는 그릇은 놋그릇이다. 이와 같이 놋그릇에 담은 김치 저냐는 그릇째 아랫목에 묻어 놓았다가 따뜻한 채로 상에 올리기도 한다. 그렇지만 요즈음은, 모든 음식이 다 그렇지만, 저냐도 제가 놓일 자리를 잃고 넙데데한 사기 접시에 담아 놓아서 먹는 동안에 금방 식어 버리고 만다. 아무튼 따근따근할 때에 먹는 이 김치 저냐를 입에 넣고 씹으면 김치의 새콤한 맛과 움파의 달콤한 맛 그리고 고기의 깊은 맛이 골고루 입안을 호사시킨다. 그리고 깔끔한 음식은 보기만 해도 담긴 정성이 푸짐해 보인다.

# 장김치

장김치는 말 그대로 간장으로 담그는 김치이다. 쉽게 말하면, 간을 소금으로 하지 않고 간장으로 한, 젓갈이 한 방울도 들어가지 않는 물김치이다. 그리고 위에 부담을 주지 않아 매운 음식을 먹지 못하는 환자나 아이들이 먹기에 좋다.

장김치를 담그려면 배추와 무, 마늘, 생강, 파 같은 김치의 기본 재료말고도 미나리, 갓, 배, 밤, 대추, 석이버섯, 잣 그리고 실고추들이 필요하다.

먼저 채소전에 가서 배추를 비롯하여 갖가지 재료를 산다. 흔히 농사를 잘 모르는 도시 사람들은 속알이 하얗게 꽉 찬 배추가 내는 여린 맛을 으뜸으로 치나 그것들은 푸른빛 나는 질긴 배추보다 농약을 더 먹은 것이기 십상이니 되도록 속이 덜 찬 놈이나 푸른 빛깔이 많이 도는 놈을 사는 것이 좋다.

배추를 샀으면 뿌리를 바싹 자르고 누런 잎이나 벌레 먹은 잎은 떼어내고 정하게 다듬는다. 장김치에는 배추 잎을 쓰지 않고 줄거리만 쓰니 한잎씩 떼어 잎쪽을 잘라낸다. 잎을 간장에 절이면 축축 처져서 모양이 나지 않아서 그러는 것이다. 떼어낸 잎은 잘 두었다

장김치. 간을 소금으로 하지 않고 간장으로 한 젓갈이 한 방울도 들어가지 않은 이 장김치는 매운 음식을 먹기 어려운 아이나 환자에게 적당하다.

가 따로 김치를 담가 먹거나 소금에 절여 고춧가루, 참기름, 깨소금 으로 버무려 겉절이를 해먹어도 좋다.

그리고 나서 배추를 정한 물이 나오도록 깨끗이 씻어서 가로와 세로가 삼 센티미터와 사 센티미터쯤 되게 썰어—너무 길쭉하면 모양이 "상스럽다."—자배기에 담고 진간장을 붓는다. 배추에서 물이 우러나올 것을 염두에 두고서 배추가 간신히 잠길 만큼만 간장 을 붓는다. 그러니까 자배기를 기울여 간장이 조금 스며나올 만큼만 되어야 간이 짜거나 싱겁지 않고 알맞게 된다.

그렇게 한참을 두어 아래쪽 배추가 숨이 웬만큼 죽었다 싶으면 뒤

장김치를 담글 때에 쓰이는 재료들. 배추와 무, 마늘, 생강, 파 같은 김치의 기본
재료말고도 미나리, 갓, 배, 밤, 대추, 석이버섯, 잣, 실고추, 진간장이 들어간다.


집어서 꼭꼭 눌러 다독거려 둔다. 그러기를 한두번 한다. 그래야 간
이 고루고루 배고 빛깔이 한결같아진다. 그런데 장김치를 내일 아침
에 담글 셈이라면 간장에 절이기는 오늘밤 느지막이 해 두어야 한다.
곧, "하룻밤을 재우는 것이다."

　무는 김장철에 나는 들큰한 것으로 너무 크지 않은 것을 쓴다.
크기는 배추보다 조금 작게, 두께는 사오 밀리미터쯤 되도록 도톰하
게 썬다.

　요리 강습소 같은 곳에서는 말하기를 배추가 숨이 죽은 다음에
비로소 무를 절여야 시커멓게 물이 들지 않아 보기 좋다고 하나
오히려 간장물이 얼마쯤 들어야 빛깔이 난다고 여겨 배추 절일 때

배추를 줄거리 쪽만 떼어내어 깨끗이 씻어서 가로
와 세로가 3 센티미터와 4 센티미터쯤 되게 썬
다. 이것을 자배기에 담고 진간장을 배추가 간신히
잠길 만큼만 붓는다. 그렇게 반 나절쯤 절인다.

무의 크기는 배추보다 조금 작게, 두께는 사오
밀리미터쯤 되도록 도톰하게 썰어 진간장에 절인
다. 그런데 배추와 마찬가지로 한두번 뒤적거려
꼭꼭 눌러 다독거려 주어야 간이 골고루 밴다.

간 밤 느지막이 배추와 무를 절였다면 이튿날
아침에 그 밖의 재료들을 만진다. 먼저 갓과 미나
리 줄기를 배추 길이만하게 썬다. 또 밤과 생강,
대추, 마늘 등도 가늘게 채친다.

석이버섯을 불려 깨끗이 씻은 다음 잘게 채 썰고
배도 껍질 벗겨 무와 같은 모양으로 썬다.

배추와 무가 숨이 알맞게 죽었으면 그만 소쿠리
에 건져내어 물기를 뺀다. 이것을 자배기에 쏟아
붓고 먼저 실고추로 버무려 붉은 기가 살짝 감돌
게 한 다음 손질해 둔 양념들을 쏟아 붓는다.

버무릴 때에는 재료가 다치지 않도록 살살 한다.
이것을 항아리에 차곡차곡 담고 아까 따라 놓은
간장물을 물에 적당히 섞어 건더기가 자작자작
잠길 만큼 붓는다.

같이 절이기도 한다. 배추와 마찬가지로 한두번 뒤적거려 주어 맛
이 골고루 배도록 한다.

그처럼 절여 둔 동안에 다른 재료들을 만진다.

먼저 갓과 미나리를 다듬는다. 갓은 잎의 빛깔에 따라 청갓과
빨간갓으로 나누는데 물김치같이 국물이 많은 김치를 담글 적에는
빨간갓을 쓰면 보랏빛 물이 들어 흔히 청갓을 쓴다. 청갓을 잎은
따서 두고 줄기를 배추 길이만하게 썬다. 미나리 또한 줄기를 그만
하게 썰어서 잘 씻어 소쿠리에 건져 둔다. 본디 미나리는 사월 초파
일이 지나면 환갑을 맞는다고 할 만큼 억세지나 겨울이 다가오면
오히려 새로 순이 돋아 나오니 그리 질기지 않다고 한다.

그런 다음에 마른 석이버섯에 끓인 물을 부어 손을 넣어도 좋을
만큼 뜨거운 기가 가시면 양손으로 싹싹 문질러 버섯 안쪽에 덕지덕
지 끼어 있는 누런 때 같은 것을 떼어낸다. 이것을 깨끗한 물이 나올
때까지 씻어 꼭 짜서 잘게 채 썬다. 마찬가지로 마늘, 생강, 대추,
밤도 가늘게 채를 쳐 둔다. 그리고 배를 껍질을 벗겨 무와 같은
모양으로 썬다.

그러는 동안에 배추와 무가 숨이 알맞게 죽었는지를 틈틈이
살핀다. 곧, 배추거나 무거나 한쪽을 쭉 찢어 먹어 보아 간이 싱겁
지도 않고 짜지도 않게 알맞다 싶으면 그만 소쿠리에 건져내어
물기를 뺀다. 보통 배추는 가장자리가, 그리고 무는 몸 전체가
자르르 간장 빛깔이 돌면 간이 적당히 되었다고 보아도 좋다.

건져낸 배추와 무를 자배기에 쏟아 붓고 먼저 실고추로 버무려
붉은 기가 살짝 감돌게 한다. 거기에다가 손질해 둔 재료들, 그러니
까 갓, 미나리, 파, 석이버섯, 마늘, 생강, 밤, 대추, 배 들을 쏟아 붓고
잣을 넣고 한꺼번에 버무리되 재료가 다치지 않게 살살 한다. 이것
을 항아리에 차곡차곡 담고 아까 따라 놓은 간장물에 물을 적당히
—손으로 찍어 맛을 보아 짜지 않을 만큼이면 되나, 심하게 짜거든

설탕을 조금 친다.—섞어 붓되 건더기가 자작자작 잠길 만큼만 붓는다. 그 위에 배 껍질을 두르고 갓 잎을 덮어 두면 거기에서 맛과 향이 우러나올 뿐더러 "우거지"가 지지 않는다.

이 김치 항아리를 겨울 날씨라면 볕 안 드는 서늘한 곳에 보름쯤 두면 먹기에 알맞게 익는다. 어떤 김치거나 마찬가지로 김치는 은근히 익어야지 맛이 제대로 난다. 그렇지만 아파트살이하는 사람들은 김치독을 묻거나 놓을 장소가 마땅치 않으니 담근 지 일 주일이 지나면 서둘러 먹을 일이다. 그보다도 더 빨리 익혀 먹고 싶거든 설탕을 타면 되나 아무래도 기다려서 익힌 것보다 간장내가 나서 맛이 덜하다.

장김치는 값비싼 재료도 재료거니와 담그기가 쉽지는 않다. 보통 김장 때에 같이 담가 두었다가 정월 초하룻날 떡국상이나 특별한 날 잔칫상에 올리는 김치라고 하니 격식을 차리자면 해먹기가 좀 까다로운 김치여서 그리 이름이 붙었나 보다.

# 떡찜

해마다 섣달 그믐께가 되면 도시의 방앗간에는 흰떡가래를 빼가려는 이들이 줄을 잇는다. 이 모습도 곧 사라질까 걱정스러우나 아직까지는 도시의 시장이나 동네 어귀에 허름한 방앗간이 있어서 연말의 한 풍경을 이루는 것이다.

김이 무럭무럭 나는 채로 집에까지 이고 온 떡가래는 그것을 기다리고 있던 여러 식구들이 저마다 한 가래씩 잡고는 죽죽 늘여가며 끊어내어 장만해 두었던 조청이나 꿀에 찍어 먹곤 한다. 그리고 하룻밤이 지나 떡가래가 썰기 좋을 만큼 꾸덕꾸덕 마르면 집안 여자들이 저마다 도마를 하나씩 끼고 앉아 누가 더 예쁘게 써나 겨루어가며 설날에 먹을 떡국 끓일 떡가래를 썬다. 그때에 한옆에서는 긴 떡가래 그대로를 여러 도막으로 내어 난로에 올려 구워서 겉이 노랗게 톡톡 불가지게 익으면 또한 조청이나 꿀에 찍어 먹곤 하니 겉은 바삭하나 속은 뜨거우며 말랑말랑하여 죽 늘어지곤 한다. 그런가 하면 그렇게 도막낸 떡으로 해먹는 음식으로 떡찜이 있다.

떡찜에 들어가는 재료를 보자. 곧, 떡가래가 굵은 것으로 두 가래, 쇠고기 살코기로 백 그램, 사태 이백 그램, 양 이백 그램, 무

고기와 야채와 떡이 어우러져 보기에도 먹음직스러운 떡찜

굵은 것 삼 센티미터 두께 한 도막, 당근 작은 것 하나, 표고버섯
큰 것 다섯개, 은행 열알 남짓, 미나리 세 줄기, 달걀 한개, 그리고
양념으로 조선간장, 파, 마늘, 참기름, 면실유, 후춧가루, 깨소금을
준비했다.

그것들로 이렇게 만드는 것이 떡찜이다. 우선 양을 깨끗이 씻는
다. 끓는 물에 살짝 튀겨서 전복 껍질로 살살 벗긴다. 그 양과 사태
를 사태에 젓가락이 푹 들어갈 때까지 무르도록 삶아 저마다 한입에
들어갈 만한 크기로 썰어 조선간장, 파, 마늘, 참기름, 후춧가루,
깨소금으로 양념하여 조물조물 무쳐 둔다. 한편으로 그것들을 삶은

떡찜에 쓰일 재료들. 떡가래가 굵은 것으로 두 가래라면, 쇠고기 살코기로 백 그램,
사태 이백 그램, 양 이백 그램, 무 굵은 것 삼 센티미터 두께 한 도막, 당근 작은
것 하나, 표고버섯 큰 것 다섯개, 은행 열알, 미나리 세 줄기, 그리고 달걀이 하나
필요하다. 양념으로 조선간장, 파, 마늘, 참기름, 면실유, 깨소금, 후춧가루가 든다.


육수는 잘 둔다.

　살코기는 곱게 다져 채 썬 표고버섯과 함께 위와 같이 양념하여
둔다. 사태를 넣으면서 굳이 살코기를 다져 넣는 까닭은 그것들이
떡에 고물처럼 묻어 떡찜의 맛을 돋우게 하고자 함이다.

　떡가래는 오 센티미터의 길이로 잘라 넷으로 갈라 끓는 물에 살짝
데쳐 낸다. 떡이 말랑말랑하다면 굳이 그럴 필요가 없겠으나 잘 썰릴
만큼 굳은 떡을 그렇게 데쳐 내지 않고 그냥 찜을 하면 속이 덜 익어
맛이 까실하다. 그렇게 데쳐 낸 떡에다가 참기름과 조선간장을 무치
듯이 하여 미리 간이 배도록 한다.

　무는 통째로 설익게 삶아 떡과 같은 모양으로 — 길쭉하면서도
둘레가 모가 나지 않도록 — 썰고 당근도 그와 같이 썬다. 처음에

살코기는 곱게 다져 채 썬 표고버섯과 함께 조선
간장, 파, 마늘, 참기름, 후춧가루, 깨소금으로 양념
하여 조물조물 무친다.

떡가래를 오 센티미터쯤의 길이로 잘라 넷으로
갈라 끓는 물에 살짝 데쳐 건져낸다. 그렇게 데쳐
낸 떡에다가 참기름과 조선간장을 무치듯이 하여
미리 간이 배도록 한다.

은행은 기름 두른 프라이팬에 살짝 볶아 속껍질을
벗긴다.

양념한 살코기와 표고버섯을 볶다가 사태와 양,
그리고 통째로 설익게 삶아 떡 모양으로 썬 당근
과 무 들을 넣고 조선간장으로 간을 한 육수
(사태와 양 삶은 국물)를 건더기가 자작자작 잠길
만큼 부어 약한 불에 뭉긋하게 찐다.

국물이 반쯤으로 줄면 데친 떡을 넣고 골고루
섞어 한 오분쯤 더 찐다. 국물이 잦아들 적에 미나
리 썬 것과 은행을 넣고 찜그릇에 담아 황백 지단
으로 장식을 하여 낸다.

썰리는 대로 모가 난 것을 그대로 두면 찜을 하는 동안에 모진 데가 먼저 익으면서 다른 재료에 쏠려 뭉그러져서 모양새도 없어지고 지저분해 보이기 쉽다.

미나리는 삼사 센티미터쯤 되게 썰고 은행은 기름 두른 프라이팬에 살짝 볶아 속껍질을 벗긴다.

이제 찜을 할 큰 냄비에 살코기와 표고버섯 양념한 것을 넣고 볶다가 사태와 양념한 것, 당근, 무 들을 넣고 조선간장으로 간을 한 육수를 건더기가 자작자작 잠길 만큼 부어 여린 불에 뭉긋하게 찐다.

국물이 반쯤으로 줄면 데친 떡을 넣고 골고루 섞어 한 오분쯤 더 찐다. 떡을 오래 찌면 다 풀어지니 고기가 다 익은 뒤에 넣는 것이다.

국물이 잦아들 적에 미나리 썬 것과 은행을 넣고 찜그릇에 담고 황백 지단으로 장식을 하여 낸다.

떡찜은 보기에도 먹음직스러울 뿐만 아니라 고기와 야채와 어우러진 졸깃한 떡의 씹히는 맛이 그만이며, 그 세 가지 맛에다가 은행알의 쌉싸름한 맛까지 어우러지면 느끼한 맛이 전혀 없이 오히려 산뜻하기까지 하다.

# 감떡

　떡이란 것이 본디 엄격하게 정해진 재료가 있는 것이 아니라, 콩이 많으면 콩떡, 팥이 많으면 팥떡, 호박 오가리를 넣으면 호박떡이 되는 것이다. 따라서 감떡은 다른 재료에다 감을 많이 넣고 만드는 떡이다.

　감떡의 기본 재료인 쌀로는 찹쌀과 멥쌀 두 종류를 비율이 삼대 일쯤 되게 준비한다. 찹쌀로만 하는 것이 맛은 더 좋으나 다 쪄 놓았을 때에 죽같이 되어 모양이 형성되지 않아 멥쌀을 섞는 것이다.

　그리고 감과 밤, 팥 같은 숱들을 따로따로 마련해 놓는데 그것들이 고루 갖추어져야 맛이 좋다.

　우선 쌀을 잘 씻어서 돌 없이 일어 물에 담가 하룻밤 동안 불려서 소쿠리에 건져 물을 뺀다. 물이 다 빠지거든 쌀을 찧어 가루를 내야 한다. 옛날에야 집집마다 "쿵더쿵 쿵더쿵" 하며 방아를 찧었지만, 요새야 집에서 그 일을 하기가 어려워 흔히 시골에서도 방앗간을 이용한다.

　쌀을 찧을 때에는 소금을 넣는다. 불린 쌀이 아주 잘 붇고 축축하면 맨 소금을 물에 뿌려도 되고 그렇지 않으면 소금을 물에 풀어

감을 뺀 감떡에 들어가는 재료들. 우유빛 도는 찹쌀과 누른빛 도는 멥쌀의 비율을
삼대 일쯤으로 하면, 떡이 차지면서도 딱딱하지 않다.

감 껍질을 하나하나 벗겨 낸다.

껍질 벗은 땡감을 굵게 채친다.

팥을 삶는다. 마르지 않은 깍지에서 바로 털어낸 햇팥이라면 그냥 써도 되지만 묵은 것은 이처럼 삶아 무르게 만들어 쓴다. 콩 또한 마찬가지이다.

온갖 재료들을 뒤섞기 전의 모습. 하얀 쌀가루 위에 껍질 벗긴 밤, 붉은 콩, 주황빛 감, 검붉은 팥을 돌려 담았다.

찹쌀가루와 멥쌀가루 섞은 것에다 손질해 놓은 다른 재료—숯으로 넣는 감, 밤, 콩, 팥—들을 넣고 골고루 버무린다.

흔히 시루에 안쳐 놓고 불만 잘 조절해 주면 골고루 익는 여느 떡과는 달리 감떡을 찔 때에는 가끔씩 주걱으로 뒤섞어 주어야 한다.

시루에서 막 쪄낸 감떡은 되직한 죽처럼 흐물흐물하므로 무명 보자기를 깐 틀에 붓고 서너 시간쯤 식혀 모양을 잡는다.

먹기 좋게 썰어 보기 좋게 담아 놓은 감떡 한 접시

뿌려 가면서 빻는다. 이때에 쌀 대두 한되에 소금 한 움큼을 넣으면
간이 맞는다.

쌀이 방앗간에 다녀오는 동안에 다른 재료들을 만진다. 땡감은
껍질을 얇게 벗기고 굵게 채를 썬다. 덜 익어 풋풋한 땡감의 껍질을
벗기고 나면 감에서 진이 나와 손에 감물이 들기 십상이다. 그리고
팥과 콩은 그냥 쓰기도 하고 삶아서 쓰기도 한다. 곧, 마르지 않은
깍지에서 바로 털어낸 콩이나 팥은 부드러우므로 그냥 써도 되지
만, 묵혀 두어 단단해진 것이라면 삶아서 써야 한다.

그와 같이 모든 재료가 준비되었으면 큰 자배기에 넣고 고루고루
섞어 시루나 찜통에 넣고 찐다.

흔히 떡을 불 위에 올려 놓고 불을 고르게 때어 김이 끊이지 않고 잘 오르도록 하면 설지 않고 골고루 쪄지지만, 감떡을 찔 때는 좀 다르다. 아마도 찹쌀이 많이 들어가 차져서 그렇기도 하겠지만 더운 기가 위로 솟다가 감에서 스며나와 엉긴 녹말기에 막혀 버려서 그러는지는 몰라도, 그냥 내쳐 두고 익기를 기다리면 떡이 설기 십상이다. 그러므로 처음에 시루에 담을 때에 가운데를 오목하게 파서 김이 쉬이 오르게 하고, 김이 오르기 시작하면 가끔씩 뒤섞어 주어야 고루 익는다.

그렇게 하여 다 익으면, 우리가 흔히 보는 팥떡이나 백설기처럼 모양이 잡힌 것이 아니고 되직한 죽처럼 흐물흐물하다. 그것을 "떡답게" 모양을 잡으려면 대나 등나무로 엮은 틀에 베보자기나 무명 보자기를 깔고 그것을 부어 서너 시간쯤 두어 식혀야만 모양이 굳어 바야흐로 감떡이 되는 것이다. 모양이 잡힌 감떡은 채 썬 감이 거의 다 녹아 흔적이 없고 감물이 들어—갈색빛이 도는 제주도의 갈옷이 바로 이 풋감에서 나오는 감물을 들인 것이다.—덜 익은 땡감의 빛깔과는 전혀 달리 진해지다 못해 얼추 팥빛이 돌고, 숱으로 풍성하게 넣은 밤, 콩, 팥 들이 촘촘히 박혀 보기만 해도 먹음직스럽다. 그리고 덜 익은 감의 떫은 맛은 어디 가고 단맛이 우러나 따로 설탕을 넣지 않아도 달고—특히 단 것을 좋아한다면 자배기에다 쌀가루와 숱을 버무릴 때에 설탕이나 꿀을 따로 넣으면 된다.—여느 떡보다 훨씬 더 맛이 좋다.

하기야 이 떡은 식혀서 굳히기 전에라도 옆에서 입맛 다시고 있는 식구들이나 허물없는 사람들에게라면 그냥 주걱으로 퍽 떠서 그릇에 담아 숟갈로 퍼먹게 해도 된다. 그렇지만 보통은 굳힌 뒤에 큰덩이로 썰어 이웃에 돌리고, 손님 대접을 할 때에는 먹기 좋은 크기로 썰어 접시에 얌전히 담아 낸다.

# 가자미 식해

　검갈색이 도는 한국 소세지 같은 순대 옆에 놓인 가자미 식해는, "식해"가 본디 한자말로 생선젓을 일컫는 것임에도 불구하고, 가자미보다 굵게 채친 무가 많아서인지 그저 김치같아 보여 처음으로 보는 사람에게도 꽤 친숙하게 여겨진다. 아무려나 식해 앞에 가자미라는 생선 이름이 붙은 것을 보니 가자미말고도 달리 식해를 담가 먹는 생선이 있음이 분명하겠다. 아닌게 아니라 식해의 재료로는 살이 딴딴하고 쫀득쫀득한 찬 바닷물고기를 쓰는데 이곳에도 흔한 명태, 도루묵이 있고 남한땅에서는 거의 눈에 띄지 않는다는 노릿노릿하고 금붕어같이 생긴 횟대가 있다고 한다. 식해의 고향인 함경남도 바닷가에서는 가자미, 동태, 도루묵, 횟대로 담근 식해들 중에서 가장 고급한 것으로 횟대 식해를, 그 다음으로 가자미 식해를 쳐 주었는데 남한땅으로 내려와 사는 이들은 고작해야 둘째로 치던 가자미 식해를 담가 먹으며 고향맛을 되새기는 것이다.

　그 가자미 식해는 이렇게 담근다.(다른 생선으로 담그는 식해도 방법은 똑같다.)

　재료로 가자미가 손바닥만한 것 다섯 마리라면 토종 무 보통

얼핏 보아 김치 같아서 보는 이에게 친숙함을 주는 가자미 식해 한 접시

크기로 하나, 메좁쌀 반홉, 생강, 고춧가루, 마늘이 필요하다.

가자미를 구입할 때에는 반드시 동해안에서도 위쪽에서 곧 추운 곳에서 잡힌 것을 고르도록 한다. 보기에 싱싱하고 딴딴한 것이면 된다. 그것을 물에 씻지 말고 그냥 굵은 소금에 절인다. 짠물 생선은 민물에 씻으면 짠기가 빠지면서 살이 물러지니 그러는 것이다. 생선을 한켜씩 놓고 거의 보이지 않을 만큼 소금으로 "덮어서" 몸과 몸이 붙지 않도록 한다.

그리하여 한 주일이 지난 뒤에 꺼내어 지느러미들을 떼어내고 아가미를 발려내어 깨끗이 다듬는다. 옛날에 집에서 먹으려고 담글 때에는 통째로 그냥 하기도 했으나 요새는 입에 들어갈 만한 크기로

가지미 식해의 주 재료인 가자미, 메좁쌀 그리고 무 채처 놓은 것. 가자미는 바다 밑에 납작하게 붙어 헤엄쳐 다니다 보니 눈이 한쪽으로 쏠렸다고 한다. 그리하여 헤엄칠 때에 위쪽인 검은 쪽에 두눈이 다 붙어 있으며 밑을 향하는 다른 쪽 빛깔은 희다.

가자미를 썬다. 썬 가자미에 양념을 한다. 양념으로 생강 중간 크기로 하나—많이 넣으면 쓰다.—, 마늘 한통, 그리고 고춧가루를 가자미가 곱게 물들 만큼 넣고 골고루 비벼서 항아리에 넣고 하루를 묵힌다.(이때 빨리 삭고 달게 하려고 엿기름 가루를 넣기도 한다.)

무는 보통 생채를 하는 것보다 곱절쯤 굵게 채친다. 가을 무는 절이지 않고 봄에는 굵은 소금으로 살짝 절여 물을 뺀다. 그것에 또한 고춧가루와 마늘 다진 것을 넣고 곱게 물들인다.

한편으로 좁쌀로 고실고실한 지에밥을 짓는다. 좁쌀이 겨우 잠길 만큼만 물을 붓고 여린 불에 올려 바글바글 끓기 시작하면 불을 더 약하게 하여 오랫동안 뜸을 들인다. 이 좁쌀밥은 식해가 삭을 때에 당분을 내어 단맛을 돋운다.

가자미, 무, 좁쌀밥이 저마다 준비되었으면 그것들을 한데 넣고 버무려서 삭힌다. 가을 날씨라면 사나흘 밖에 두면 되고, 한겨울이라

가자미는 물에 씻지 않은 채로 굵은 소금으로 "덮어서" 절인다.

한 주일쯤 뒤에 꺼내어 깨끗이 다듬는다.

굵게 채친 무에 마늘 다진 것과 고춧가루 넣고 곱게 물들인다.

메좁쌀로 고슬고슬 하게 지에밥을 짓는다. 좁쌀밥 은 식해가 삭을 때에 당분을 내어 단맛을 돋운 다.

저마다 준비된 재료들을 한데 넣고 버무려서 삭힌 다. 겨울 날씨라면 사나흘이면 익는다.

면 부뚜막 같은 따뜻한 곳에서 사나흘, 그리고 본디 식해 철은 아니지만 여름에 담갔다면 하루 만에 먹을 수 있다. 그렇지만 급히 담가 성급히 익히려고 뜨거운 곳에 둔다면 삭기야 삭겠으나 가자미에서 비린내가 나서 먹기에 역겹다.

제대로 담근 가자미 식해는 비리기는커녕 쫄깃쫄깃 씹히는 맛이 달다. 가자미 식해는 다 담갔으나 이제 순대를 어떻게 만드는지를 곁다리로 알아봄이 어떨까.

순대를 만드는 일은 꼬박 하루 일거리로 번거롭기 짝이 없으며, 비위가 약한 사람은 손도 대기 싫어할 일인 듯하다.

우선 돼지 창자—큰창자로 만든 것은 왕순대라고 부르고, 우리가 보통 순대라고 하는 것은 곱창 곧 작은창자로 만든 것이다.—를 두세 차례 뒤집어 가며 굵은 소금으로 박박 문질러서 닦는다. (그런데 요즈음에는 소금값이 하도 비싸니 파는 순대에는 과일 같은 것을 닦을 때에 쓰기도 하는 먹어도 탈이 없다는 세제로 닦는 것도 있다고 하나 그렇게 닦은 창자에서 누린내가 가실 턱이 없다.)

다음에 그 창자 속에 넣을 것들을 마련하니, 찹쌀과 우거지, 숙주, 후춧가루, 깨소금, 파, 마늘—특히 많이 넣어야 맛있다.—생강, 참기름을 준비한다. 한편 돼지에서 기름을 얻는데, 기름기 많은 부분을 네댓 시간 졸여서 위에 뜬 기름이 굳으면 그것을 쓰는 것이다.

위의 것들에 찹쌀에 붉은 빛깔이 곱게 물들 만큼 돼지피를 넣고 골고루 섞어 창자 속에 꽉꽉 채워 넣는다.

그 속이 찬 창자를 삶는데, 그때에는 매우 조심하여야 한다. 다른 것들을 삶을 때처럼 물을 펄펄 끓인다면 순대가 모두 터져 먹을 수가 없게 되니 말이다. 물이 섭씨 팔십오도가 넘지 않도록 보글보글 끓기 시작하면 불을 줄이기도 하고 찬물을 돌리거나 하여 팔팔 끓는 것을 미리 막는다. 그렇게 하여 순대는 한 시간 십분쯤, 왕순대라면 그보다 십분쯤을 더 삶으면 속이 완전히 익는다.

# 안동 식혜

우리가 흔히 식혜라고 하면 노르께하면서 투명한 물에 잘 부푼 밥알과 잣 서너알이 둥둥 떠 있는 마실거리를 연상한다.(발음이 비슷하여 많은 사람들이 혼동하고 있는 함경도 사람들이 많이 담가 먹는 가자미 생선젓은 식혜가 아니라 "식해"이다.) 그렇지만 안동 식혜는 그 빛깔이 불그레하고 밥알뿐만이 아니라 밤, 생강, 무들도 들어가는 것이 여느 식혜와는 보기부터 전혀 다르고 매콤하고 톡 쏘는 맛이 있어 달짝지근한 여느 식혜와 금방 구별이 된다.

그렇다면 안동 사람들은 식혜를 어떻게 만들까? 우선 재료로 엿기름이 한되라면, 찹쌀 한되, 중간 크기의 무 한개, 생강 한톨, 껍질 벗긴 생밤 한되쯤, 그리고 고춧가루를 한 숟가락 준비한다.

찹쌀은 서너 시간쯤 불려서 찐다. 베보자기를 깔고 시루에다 쪄야 허실이 없고 고두밥처럼 알맞게 쪄지나 보통 솥에다가 찰밥 짓듯이 해도 된다.

그러는 한편에는 엿기름을 물에 넣어 바락바락 잘 빨아서 체에 밭혀 서너 시간 두었다가 잘 가라앉으면 웃물만 따라 쓴다. 엿기름을 빼는 물은 손가락을 넣어 보아 따끈한 정도가 좋다. 너무 뜨거워

안동 식혜 한 동이. 맵싸하고 화한 맛이 나는 이 안동 식혜를 겨울이 다 가기전에 담가
두었다가 찾아오는 이에게 따뜻한 아랫목을 내 주고 이 식혜의 별미를 맛 보여 준다
면 그 맛이 온몸에 번져 모처럼 찾아온 손님의 몸과 마음을 덥혀줄 것이다.

도 엿기름이 삭지 않고 익어 버리니 뜨겁기를 잘 맞춰야 한다.

무는 사방이 일 센티미터쯤 되는 크기로 하여 얇게 썰어 놓고,
밤도 얇게 썰고 생강은 곱게 채친다.

찰밥이 다 쪄졌으면 뜨거울 때에 다른 건더기와 함께 엿기름 내린
따끈한 물—식었으면 덥혀서—에 버무린다. 밥이 뜨거울 때에 따끈
한 물로 버무려야 사각거리고 씹히는 맛이 난다.

고춧가루는 결이 고운 베나 모시 같은 헝겊에 싸서 꽁꽁 동여매어
엿기름물에 넣거나, 그 물을 조금 덜어내어 고운 체에 밭쳐서 다시
섞거나 한다. 이 고춧가루로 물을 들이는 것이 바로 안동 식혜의
특징이랄 수 있는 것인데, 고춧가루를 그냥 풀면 먹을 때에 가루가

가라앉아 볼품이 없이 지저분하다.

　그리하여 다 만 식혜는 두툼한 오지 항아리에 담아 아랫목에 놔 두고 하룻밤을 재우면 밥알을 비롯한 여러 건더기들이 삭아서 동동 떠오른다. 요즘에는 아랫목 없는 집이 있는 집보다 많으니 없을 경우에는 섭씨 육십도에서 칠십도쯤 되는 따끈한 물이 담긴 큰 그릇에 그 오지 항아리를 담아 놓고 물이 식지 않도록 하여 대여섯 시간이 지나게 하면 항아리 속의 밥알이 삭는다. 다 삭았다 싶으면 시원한 곳에 옮겨 두어 차게 식혀야 식혜의 제맛이 난다. 밥알이 다 삭으면 삭기 전에는 별맛이 없던 엿기름물이 달고, 고춧가루의 매운 기운도 삭아 맵싸하고 화한 맛이 난다. 그리고 먹을 때에는 시원한 배를 채치거나 잘게 썰어 넣기도 한다. 그런 식혜를 먹으면 속이 확 뚫리고 시원하며 특히 기침이 나고 감기 기운이 있는 이에게는 약이 된다.

　구정을 앞뒤로 하여 많이 해먹는 식혜는 흔히 항아리에 담아 밖에 내놓아 추운 날씨 때문에 식혜 국물 위에 살얼음이 살짝 얼어 덮이기 마련이다. 뜨끈뜨끈한 아랫목에 앉아서 그것을 얼음째 떠다가 먹는다면 그 시원한 맛은 가히 견줄 데가 없다.

　다른 지방의 여느 식혜는 고두밥에다 엿기름물을 붓고 따뜻한 곳에 두었다가 밥알이 위에 떠오르고 밥알을 손가락으로 비벼 보아 걸리는 것이 없이 다 삭으면 밥알은 따로 건져 맹물에 담가 놓고 식혜물만 본디 엿기름의 세 곱절쯤 되게 물을 잡아 한소끔 더 끓여 차게 식혀 항아리에 담아 두고 먹을 때마다 식혜물을 따로 뜨고 거기에 식혜밥을 떠 넣고 잣을 띄워 내는 것이다.

　그런가 하면 비슷한 것으로 감주 또는 단술이 있다. 감주는 보통 식혜보다 그 밥이 많은데, 밥알이 다 삭았을 때에 그것을 건져내지 않고 밥알이 있는 채로 한꺼번에 끓이는 것을 말한다. 그렇게 하면 그 국물이 탁하며 검은빛이 돌아, 맛은 있으나 볼품으로 말하자면

안동 식혜에서 식혜밥이 될 재료들. 찹쌀, 무, 생강, 밤과 그 식혜의 독특한 맛을 내 주는 고춧가루. 다른 식혜에 견주어 식혜밥이 많은 것이 또 하나의 특징이다.

얌전한 음식이 되지 못한다.

그나저나 식혜의 맛은 엿기름 가루에 달린 것이니 아무쪼록 좋은 엿기름 가루를 써야 하는데, 보통 가게에서 가루를 살 때에는 특별히 좋은 것을 구별해내기가 어렵다지만 노르께한 것이 좋은 것이고 검은빛이 도는 것은 그다지 좋은 것이 아니다. 그렇지만 엿기름 가루를 만드는 것은 그다지 어렵지 않아 집에서도 쉽게 만들 수 있다. 겉보리를 사다가 집안에서 시루에다 콩나물 앉히듯이 시루밑을 깔고 겉보리를 뿌려 놓고 하루에 두어번씩 물을 주면 며칠 지나지 않아 뿌리가 내리고 싹이 튼다. 싹이 칠팔 밀리미터쯤 자랐을 때에 그것을 거둬 말리는데 이때에 밖에 내다 놓고 추운 곳에서 말려야 달고 맛있는 엿기름이 된다. 그것이 잘 마른 뒤에 방앗간에 가서 빻으면 바로 그것이 엿기름 가루인 것이다.

그러니 지금부터라도 한번 집안에서 겉보리를 키워 이 겨울이 가기 전에 한번쯤 더 식혜를 해서 추위를 무릅쓰고 찾아오는 이들에게 따뜻한 아랫목을 내 주고 우리의 고유한 마실거리를 내놓는다면 훌륭한 대접이 될 것이다.

엿기름 가루를 따뜻한 물에 넣어 바락바락 잘
빨아서 체에 밭히고 있다. 안동 식혜뿐만 아니라
여느 식혜도 그 맛은 엿기름 가루에 달린 것이니
아무쪼록 좋은 엿기름 가루를 써야 한다.

체에 밭히는 중간중간 엿기름 가루를 꼭 짜서
허실이 없게 한다. 이렇게 밭혀 내린 물을 서너
시간 두었다가 잘 가라앉으면 웃물만 따라 쓴다.

식혜밥이 될 무를 썰고 있다. 무는 사방이 일
센티미터쯤 되는 크기로 하여 얇게 썰어 넣고,
밤도 얇게 썰고 생강은 곱게 채친다. 한편으로
찹쌀은 찌거나 고두밥으로 짓거나 한다.

찹쌀이 다 쪄졌으면 밥이 뜨거울 때에 다른 건더
기를 함께 섞어 엿기름 내린 물에 식혜밥을 버무
린다.

식혜밥이 다 버무려지면 엿기름 내린 물을 붓는
다. 이때에 찰밥도 뜨겁고 엿기름물도 따끈따끈해
야 나중에 먹을 때에 밤, 생강, 무 같은 다른
건더기가 사각거려 씹히는 맛이 있다.

거기에다가 고춧가루 밭힌 물을 붓는다. 고춧가루
는 찹쌀 한되라면 한 숟가락쯤 있으면 되는데,
밭히지 않고 그냥 풀면 먹을 때에 가루가 가라앉
아 볼품이 없다.

# 동지팥죽

십이월 이십이일은 한해 중에 밤이 가장 길다는 동짓날이다. 이십사 절기의 스물두번째 절기인 동짓날을 기점으로 하여 낮이 길어지기 시작하니 이것을 두고 옛 사람들은 "해가 다시 살아난다"고 하였다. 그래서인지 한자로 동지를 "버금 아", "나이 세" 자를 써서 "아세" 곧 "다음해가 되는 날"이라 하여 "작은 설"로 삼았다. 그래서 동짓날 먹는 팥죽 한 그릇이 나이를 더한다고 보는 풍속이 생겨났다.

팥죽을 쑤어서는 먼저 종묘 사당에 놓아 차례를 지낸 다음에 방마다 한 그릇씩 퍼 놓고, 또 장독대나 헛간 같은 데에도 놓아 둔다. 또 지방에 따라서는 대문이나 벽에 팥죽을 뿌려 액막이를 하기도 했다. 이는 아기의 돌상이나 백일상에 붉은팥 시루떡을 놓을 때와 마찬가지로 팥의 붉은색이 액을 막고 잡귀를 없애 준다고 믿는 데에서 나온 풍속인 듯하다.

여느 죽도 다 마찬가지이지만 팥죽은 쑤기가 그리 간단하지 않다. 까딱 잘못하면 어느새 바닥이 눌어붙거나 타서 맛을 버리고, 물 가늠을 잘못하여 죽이 너무 되거나 또는 그 반대로 묽어지기

먹음직스런 팥죽 한 그릇. 추운 겨울날 찬바람이 도는 밖에서 막 들어와 먹는 팥죽 한 그릇은 웅크린 마음까지 녹여 훈훈하게 해준다.

때문이다. 물 양을 잘못 맞추어서 중간에 물을 더 붓거나 아니면 불을 좀더 오래 때면 그만큼 맛이 덜해지니 말이다. 그래서 옛 책을 찾아 보면 죽은 돌솥에 쑤어야 가장 맛이 좋고 실수하지 않고, 무쇠솥이 다음이며, 노구솥이 그 다음이라고 씌어 있다. 요즈음에야 돌솥이니 무쇠솥이니 하는 것들이 구경조차 하기 힘든 귀한 골동품이 되었다. 또 불 조절도 조심하여야 하니 땔감을 때던 옛날에는 장작으로 싸게 때지 않고 콩깍지나 등겨 따위를 때서 천천히 여린 불로 쑤었다. 그래야 쌀에서 즙이 나와 죽이 되어 맛이 좋다고 한다.

올에 새로 나온 붉은 햇팥이 다섯홉 준비되었다면, 멥쌀이 그 절반인 두홉 반쯤, 찹쌀가루가 세홉쯤이면 얼추 팥죽 농도가 적당하

팥죽을 쑤려면 찹쌀과 멥쌀과 붉은팥이 필요하다. 붉은팥이 다섯홉 준비되었다면 멥쌀이 그 절반인 두홉 반쯤, 새알심을 빚을 찹쌀가루가 세홉쯤이면 얼추 팥죽 농도가 적당하게 된다.

게 된다. 여기에 간을 맞출 소금과 물이 있어야 한다.

먼저 붉은팥을 여러번 씻어 잘 일어 잔돌 부스러기 따위를 골라내고 냄비에 물을 팥의 한 곱절 반쯤 되게 넉넉히 붓고 푹 삶는다. 속까지 폭신 익도록 처음엔 불을 싸게 했다가 한바탕 끓거든 불을 줄여 익히기를 사십분쯤 한다. 팥이 다 무르면 껍질이 툭툭 터지면서 갈라진다. 이때까지 삶아야 나중에 팥 앙금이 잘 나온다. 그러니까 시루떡에 얹는 팥고물보다 더 삶아야 한다.

팥이 다 익었거든 발이 굵은 체에 쏟아 붓고 나무주걱으로 되게 으깬다.(옛날엔 그저 손으로 문질러 으깼다고 한다.) 체 구멍 사이사이로 자줏빛 팥물이 다 빠져 나가면 체에 남은 팥 껍질과 부스러기는 버리고 팥 앙금이 가라앉기를 기다린다. 먼저 웃물만 죽 냄비에 따라 붓고 막 씻은 멥쌀을 앉힌다. 전라도가 고향인 사람들 중에는 멥쌀을 빻아서 가루를 내어 죽을 쑤는 이도 있다. 그렇게 하면 밥알이 없이 미음 같은 팥죽이 된다. 여기에서 팥 앙금은 두고 웃물만 쓰는 까닭은 처음부터 앙금까지 다 집어넣으면 쉽게 타서 계속 주걱으로 저어 주어야 하므로 그걸 막으려고 그런다.

붉은팥을 씻어 일어서 냄비에 물을 팥의 한 곱절
반쯤 되게 넉넉히 붓고 푹 삶는다. 속까지 폭신
익도록 처음엔 불을 세게 했다가 한바탕 끓거든
불을 줄여 익히기를 사십분쯤 했다.

웬만큼 으깨어진 팥을 발이 굵은 체에 쏟아 붓고
손으로 으깬다. 체 구멍 사이사이로 자줏빛 팥물이
다 빠져 나가면 체에 남은 팥 껍질과 부스러기는
버리고 팥 앙금이 가라앉으면 웃물만 따른다.

새알심을 만들 찹쌀가루를 반죽하는 모습이다.
찹쌀가루에 소금을 적당히 타서 끓은 물(팥물)
을 조금씩 부어 가며 경단 반죽하듯이 동그랗게
빚는다.

팥이 푹 물렀으면 불에서 내려 나무주걱으로 힘껏
으깬다.

팥물에 막 씻은 멥쌀을 앉힌다. 쌀과 팥물의 비율
은 일대 오쯤이면 적당하다. 끓기 전까지는 센불에
두고 바닥이 눌어붙지 않도록 나무주걱으로 천천
히 쉬임없이 젓는다.

팥 앙금을 넣어 한바탕 끓거든 새알심을 집어넣고
다시 한소끔 끓인다. 새알심이 위로 떠오르면 속까
지 다 익은 것이니 그만 불에서 내린다.

본디 죽을 쑤려면 쌀을 미리 씻어 불리지 않고 바로 씻어서 쑤어 야 죽이 끓는 동안에 쌀알이 퍼져서 맛이 좋다고 한다. 쌀과 팥물의 비율은 일대 오쯤 되면 적당하다. 끓기 전까지는 쎈 불에 바닥이 눌어붙기 쉬우므로 나무주걱으로 천천히 쉬임없이 저어 주어야 한다. 끓기 시작하면 불을 줄이고 쌀알이 퍼져 가거든 아까 남겨둔 팥 앙금을 마저 넣고 불을 조금 싸게 해서 푸르르 한바탕 끓인다.

새알심은 미리 만들어 둔다. 하루 전에 물에 불린 찹쌀을 건져 물기를 빼고 방앗간에 가서 가루를 빻아다 둔다. 찹쌀가루에 소금을 적당히 타서 끓은 팥물을 조금씩 부어가며 경단 반죽하듯이 되게 한다. 이 반죽을 새알—새알 크기가 여러 가지이니 손쉽게 말하자면 메추리알만하게 빚어야 크기가 적당하다.—만큼씩 똑똑 떼어 동그 랗게 빚어 상 위에 죽 늘어놓는다. 지방에 따라서는 새알심은 가족 의 나이를 다 합친 수효만큼 빚어서 제 나이 수만큼 먹기도 한다.

팥 앙금을 넣어 한바탕 끓은 팥죽에 새알심을 집어넣고 다시 한소끔 끓인다. 새알심이 위로 떠오르면 다 익은 것이니 그만 불을 끈다. 그동안은 나무주걱으로 휘젓지 말아야 새알심이 빚은 모양대 로 예쁘게 익는다. 죽이니까 하고 저었다가는 새알심 모양이 다 부서져 보기가 싫어진다.

죽은 쑤어서 바로 먹어야지 오래 두면 퍼지고 국물이 말라 맛이 변하여 먹을 만큼만 끓이는 것이 상식이다. 그런데 팥죽은 다른 죽과는 달리 두었다가 차게 먹어도 맛이 좋다. 마치 살얼음이 서걱 서걱 씹히는 식혜가 시원한 맛을 주어 별미이듯이 차가와서 되직해 진 팥죽 또한 맛있다. 그렇지만 팥죽은 역시 뜨거워야 제맛이 난 다. 찬바람이 도는 겨울 날 밖에서 막 들어와 마시는 뜨거운 숭늉이 추위를 녹여 주듯이 동짓날에 먹는 따끈한 팥죽 한그릇이 웅크린 마음까지 녹여 훈훈해질 터이니 말이다. 여기에 곁들어 먹는 동치미 는 팥죽으로 텁텁해진 입안을 개운하게 한다.

# 강정

　강정은(강정은 흔히 유과 또는 과줄이라고 부른다.) 여느 한과에 견주어 만들기가 좀 까다로운 편이어서 적어도 열흘 넘게 걸려 만들어야 겨우 제맛 나는 강정을 먹을 수 있다.

　먼저 질이 좋은 찹쌀을 큰됫박으로 한되(개량컵으로 스무컵쯤) 사다가 씻지 말고 쌀이 푹 잠기도록 물을 충분히 부어 불린다. 이때에 쌀을 씻지 않는 것은 맑은 물에서보다 더 잘 삭아 발효 시간이 줄어들기 때문이다. 이렇게 사나흘 두어 골마지가 끼기 시작하면 쌀을 일고 깨끗한 물이 나올 때까지 헹군다. 다 삭은 뒤에 일면 쌀이 너무 부서져서 물에 흘러 나가기 쉽기 때문이다. 다시 물을 부어 한 이레쯤 햇빛이 없는 서늘한 곳에 둔다. 온도가 너무 차면 쌀에 끈기가 없고, 너무 더우면 너무 빨리 곰삭아 맛이 없으니 섭씨 오륙 도쯤 되는 곳이 두기에 알맞다. 그동안에는 물을 갈아 주지 않아도 된다.

　쌀을 손바닥으로 비벼서 웬만큼 문드러지면 그만 소쿠리에 건져 내어 그 위로 물을 뿌려 다시 한번 헹군다. 이것을 방앗간에 가서 소금 조금 넣고 빻는다. 이 찹쌀가루에 청주 한컵 반―청주는 반드

사각 목기에 소담스럽게 담겨 있는 산자. 한입 베어 먹으면 바삭하고 부서지면서
사르르 녹는다. 어느새 입안에 은은한 술 내음이 살짝 감돈다.


시 제 분량을 넣어야 나중에 강정 바탕이 연하고 부드럽다.―을
붓고, 콩물을 적당히 타 가며 반죽을 조금 "지룩하게"(질게) 한다.
(콩물은 흰콩 한 큰술을 하루쯤 물에 불렸다가 믹서에 갈아서 물을
그 열곱쯤 타서 만든다.) 곧 「규합총서」에 쓰인 대로 "부꾸미(부
침)만치" 하면 된다.

  그런 다음에 반죽한 것을 베보자기를 깐 찜통에 넣어 쎈 불에서
삼십분쯤 사정없이 익힌다. 푹 익은 떡을 꺼내서 돌절구에 쏟아
붓고 절구공이로 꽈리가 일도록 몹시 친다. 찰떡이어서 굳기 쉬우므
로 뜨거울 때에 바로 쳐야 하니, 시간을 오래 잡지 말고 탕탕 소리가
나게 힘껏 찧는다. 그러니까 절구공이를 내리쳤다 들어올릴 때에

들러붙는 떡이 실처럼 되도록 찧어야 하는 것이다. 돌절구가 없으면 분마기와 손절구를 이용해서 떡이 방망이에 실처럼 따라 올라오는 상태가 될 때까지 방망이로 치댄다. 이처럼 힘들게 찧어야 떡 속에 기포가 충분히 생겨 나중에 기름에 일구었을 때에 바탕 속이 꽉 차 예컨대 "속빈 강정"이 되지 않는다.

안반 곧 나무 떡판에 체에 곱게 내린 밀가루를 두껍게 뿌리고 그 위에 찧은 떡을 놓고 다시 그 위에 밀가루를 뿌려 떡을 덮는다. 이것을 두께가 이삼 밀리미터 되도록, 크기가 산자는 가로 세로가 육칠 센티미터 되게 자르고, 손가락 강정은 가로 일 센티미터 세로 사 센티미터쯤 되게 자른다. 떡이 아직 굳지 않았으면 그냥 칼날로 두드려서 판판하게 펴고 굳었으면 밀방망으로 밀어 모양을 다듬는다.

다시 한번 밀가루를 앞뒤로 발라 따뜻한 아랫목에 한지를 깔고 말린다. 한꺼번에 바짝 말리기 어려우니, 겉이 웬만큼 마른 듯하면 전체 습도가 고르게 유지되도록 비닐에 싸서 방 한구석에 두었다가 다음날 꺼내어 다시 말리기를 두세번 거듭한다. 그래야 바탕이 부러지거나 갈라지지 않고 제 모양을 유지하면서 반듯하게 마른다. 방바닥이 너무 뜨거우면 모양이 비틀어지기 쉬우니 만져 보아 따뜻할 정도가 좋다. 그러니 궂은 날이나 비가 내리는 날은 바탕 말리기에 적합치 않다. 아파트 같은 곳에서는 전기 장판의 온도를 낮게 켜 놓고 그 위에 두고 말려도 좋다. 이렇게 이삼일 두어 꾸덕꾸덕해서 거죽은 바싹, 속은 조금 무른 듯하게 마르면 항아리에 담아 두고 필요할 때마다 꺼내어 일구어 쓴다.

이제 잘 마른 바탕을 기름에 일구는 일이 남았다. 튀김 냄비를 둘 마련하여 하나는 온도가 섭씨 백도쯤 되게, 또하나는 백오륙십도 쯤 되게 기름을 덥힌다. 먼저 온도가 낮은 냄비에 바탕을 넣어 양끝을 나무주걱으로 눌러 주며 반드시 "기름 속에서" 천천히 불린다.

충분히 불린 찹쌀을 소금 조금 넣고 빻는다. 이 찹쌀
가루에 청주 한컵 반을 붓고 콩물을 적당히 타 가며
반죽을 조금 질게 한다. (위)

반죽한 것을 베보자기를 간 찜통에 넣어 센불에서
삼십분쯤 익힌다. 그런 다음 떡을 돌절구에 쏟아
붓고 뜨거울 때에 바로 찧는다. (가운데)

안반에 체에 곱게 내린 밀가루를 두껍게 뿌리고
그 위에 찧은 떡을 놓고 다시 그 위에 밀가루를
뿌려 떡을 덮는다. (아래)

강정 맛은 절구공이에 힘이
얼마나 들었느냐에 달려 있
다. 찰떡이어서 굳기 쉬우므로
뜨거울 때에 바로 꽈리가
일도록 몹시 쳐야 한다. 그러
니까 절구공이를 내리쳤다
들어올릴 때에 들러붙는 떡이
실처럼 되도록 쪘어야 하는
것이다. 그래야 떡 속에 기포
가 충분히 생겨 나중에 기름
에 일구었을 때 바탕 속이
꽉 차게 된다.

이것을 산자 크기대로 잘라 모양을 판판하게 다듬는
다. 다시 한번 밀가루를 앞뒤로 발라 뜨뜻한 아랫목
에 한지를 깔고 말린다.

바탕이 잘 말라야 바삭바삭한 강정 맛을 즐길 수 있다.

바탕이 잘 말랐으면 기름에 일군다. 섭씨 백도쯤인 냄비에 바탕을 넣어 천천히 불린다. 바탕이 네곱쯤 으로 확 일거든 급히 꺼내어 온도가 섭씨 백오륙 십도쯤인 냄비에 옮겨 튀긴다.

조청 냄비를 약한 불에 올려 놓은 채 바탕에 조청 을 바른다.

조청이 굳기 전에 얼른 고물을 앞뒤로 고루 묻힌 다.

바탕이 네곱쯤으로 확 일거든 급히―잘못하면 기껏 일어난 바탕이 푹 꺼져 모양이 보기 싫게 일그러진다.―높은 온도의 냄비에 옮겨 튀긴다. 앞뒤가 살짝 노릇노릇해지면 소쿠리에 건져서 기름을 뺀 다.

기름이 빠질 동안에 조청을 만든다. 옛날에야 명절이 닥치면 엿기 름 엿을 고아 두었다가 그때그때 조청을 만들어 쓰거나 아이들한테 군것질거리로 주기도 했다. 요새는 가게에서 파는 물엿을 사다가 물 조금 치고 끓여 쓰면 되니 참으로 편해졌다. 물엿은 끓을수록 굳어지므로 센불에서 끓거든 바로 불을 줄인다.

강정에 물을 들이는 수가 있다. 지금은 거개가 집에서 떡을 할지라도 식용 색소를 사다가 간단히 물에 타서 쓰기 십상이다. 그러나 제아무리 보건 사회부가 승인하는 허용치 기준이 있다손치더라도 식품 첨가물이 도무지 미덥지 않은 이는 옛날 할머니들이 했던 대로 하면 된다. 곧 분홍색은 오미자 한컵을 미지근한 물 한컵에 담가 하룻밤을 재워 내고, 노란색은 치자를 으깨어서 또한 물에 담가 두어 내고, 쑥색은 날쑥을(또는 취이파리를) 찧어서 물에 타서 낸다. 식용 색소로 하는 것보다 빛깔이 자연스러울 뿐더러 향이 은은히 배어 일석이조의 효과가 있다. 이것을 엿물에 섞어서 같이 끓여 쓴다.(그런데 사람에 따라서는 색물을 콩물에 섞어 반죽할 때에 타서 빛깔을 내기도 한다.)

고물은 미리 준비해 둔다. 쌀을 튀긴 튀밥을 그대로 쓰거나, 손으로 대강 부숴 어레미에 내려 아주 고운 가루는 지저분해 보일 수 있으므로 버리고 중간 가루를 쓴다. 아까 일궈 놓은 강정 바탕에 조청을 바르고 곧바로 고물을 앞뒤로 고루 묻힌다. 조청이 뜨거워야 옷이 말끔하게 입혀지고 고물이 또한 골고루 묻으므로 반드시 조청 냄비를 약한 불에 올려 놓은 채로 한다.

강정에는 튀밥말고도 여러 가지 고물이 쓰인다. 손가락강정에는 참깨나 검정깨, 콩가루, 송화가루, 계피가루, 잣가루 들이 고물로 쓰이기도 한다.

강정은 기름에 일군 것인 만큼 오래 두고 먹자면 맛이 변한다. 비닐에 싸서 상자 속에 넣어 서늘한 곳에 두되 사흘에 한번쯤은 비닐을 갈아 주어야 기름 결은내가 나지 않는다. 그렇지만 바로 일군 것보다 맛이 떨어질 터이니 말린 바탕을 장독이나 냉장고 냉동실에 두었다가 먹을 때에 곧바로 일구어 쓰는 것이 좋다.

# 약과와 정과

　흔히 약과는 짙은 갈색이 나는 단 과자라고 알고 있으나 빛깔이 거의 흰색에 가까운 미색을 띤 약과가 있다. 날쌀을 기름에 볶아서 만든 쌀가루를 반죽하여 틀에 찍어 내어 프라이팬에 지져 집청한 과자이다. 그래서 이 과자가 과연 약과의 한 종류인지 다식의 변형인지를 요리 연구인인 한복려 씨에게 물어 보았다. 그이는 짐작컨대 지금이야 흔하고 값싸지만 옛날에는 밀가루와 기름이 아주 귀한 식품이었으니 여염집에서 궁리 끝에 쌀가루를 써서 만들어 보기도 하다가 날 쌀가루 반죽은 기름에 잘 튀겨지지 않고 퍼져 버리니 밀가루를 볶아서 꿀 넣어서 만든 진말 다식 곧 밀가루 다식을 흉내 내어 날쌀을 기름에 볶아 가루 내어 만든 과자가 약과로 자리잡은 것이 아닐까라고 말했다.

　미색 약과는 이렇게 만든다.

　우선 멥쌀을 씻어 조리로 일어서 소쿠리에 받쳐 둔다. 쌀은 불리지 않아야 한다. 찹쌀을 조금 섞어도 좋으나 그리하면 약과가 너무 딱딱해져서 이가 약한 어른들이 먹기엔 좋지 않다. 물기를 쪽 빼서 냄비에 붓고 식용유를 조금 부어 고루고루 섞는다. 그냥 야채 볶듯

약과 한 접시. 음력 설에 집을 찾는 이들에게 생강
내가 살풋살풋 풍기는 약과를 따끈한 잎차를 곁들
여 대접해도 좋겠다.

정과 한 접시. 흰 물엿을 써서 재료가 지닌 제빛깔
을 살리려고 애썼다.

이 냄비에 기름 붓고 볶으면 쌀알 속에 스며 있는 물기로 말미암아
쌀이 익지도 않고 바닥에 들러붙으므로 그것을 막으려고 그렇게
한다. 식용유를 고루 섞었으면 여린 불에서 이삼십분 주걱으로 뒤적
이며 볶는다. 쌀알이 조금 굵어지고 생쌀보다 더 하애지면 그만
불에서 내린다. 너무 오래 불에 두면 노릇노릇해져서 제빛깔이 안
난다.

이것을 방앗간에 가서 빻아 가루를 낸다. 양이 너무 적거나 방앗
간에 갈 사정이 아니거든 절구에 빻든지 전기 분쇄기에 넣어 빻는
다. 옛날에는 맷돌에 갈아 체에 내려 고운 가루를 냈다.

이 가루를 함지박에 쏟아 붓고 반죽할 준비를 한다. 여기에는
소금 조금과 생강과 술, 참기름, 엿물 들이 들어간다. 알기 쉽게 말해
서 쌀가루가 국 대접으로 하나라면 생강은 굵은 것 한톨, 술은 한
작은술, 참기름은 한 큰술 넣어야 적당하고 흰 물엿은 반죽 정도에

따라 다르나 대체로 커피잔으로 절반이면 적당하다. 생강은 미리 강판에 곱게 갈아 즙을 내 둔다. 생강 가루를 써도 반죽하기는 편하나 아무래도 날 생강보다 향이 덜하다. 재료가 다 준비되었거든 먼저 가루에 참기름과 생강즙과 술을 부어 고루 섞이도록 손바닥으로 비비면서 버무린다. 그런 다음에 물엿을 따끈하게 데운 채로 부어 반죽을 하여 가루가 물엿에 다 엉기도록 여러번 주무른다.

이것을 약과틀에 찍는다. 약과 공장에서야 구멍이 여러개인 틀에 한꺼번에 찍어 내겠지만 집안에서 쓰는 약과틀은 흔히 나무틀 한쪽엔 다식 박는 구멍이 있고 반대쪽엔 약과를 찍어 내는 구멍이 나 있다. 시장에서 파는 플라스틱으로 만든 구멍이 두개짜리인 약과틀

멥쌀을 씻어 불리지 않고 물기를 쭉 뺀 다음에 식용유를 부어 여린 불에 이삼십분쯤 볶는다. 쌀알이 조금 굵어지고 빛깔이 더 하얘지면 불에서 내린다.

생강을 강판에 갈아 즙을 낸다. 생강 가루를 써도 좋으나 향이 덜하다.

방앗간에서 빻아 온 쌀가루에 소금, 생강즙, 참기름, 술을 넣어 손바닥으로 비비면서 버무린다.

여기에 따뜻한 물엿을 부어 가며 반죽을 한다.

을 이용해도 괜찮다. 해본 이는 알겠듯이 약과 찍어 내기가 보통 힘든 노동이 아니다. 몇번 힘주어 반죽을 누르다 보면 어느새 팔이 뻐근해지고 어깻죽지가 아파 온다. 그래서 옛날에는 집안의 큰일 맞아 상을 차릴 적에 약과 찍어 내거나 고기 굽고 떡 치는 일 들은 힘 좋은 남자 몫이었다고 한다. 마당에 멍석 펴 놓고 호롱불 아래 모여 앉아 밤새도록 이야기 꽃을 피우며 서로의 정을 도탑게 했다고 하니 오랜만에 넉넉한 마음을 열어 분위기가 훈훈해졌다.

그 구멍에 참기름을 바르고 반죽을 떼어 넣고 모양이 반듯하고 무늬가 선명하라고 엄지손가락으로 꾹꾹 눌러 위를 다듬는다. 그런 뒤 뒤집어서 바닥에 대고 탁 치면 예쁘게 빚어진 "다식"이 나온다.

약과틀에 참기름을 바르고 반죽을 떼어 담고 모양이 반듯하고 무늬가 선명하라고 엄지손가락으로 꾹꾹 눌러 다듬는다. 이것을 뒤집어서 바닥에 탁 치면 모양이 예쁜 "다식"이 나온다.

"다식"을 프라이팬에 기름 두르고 지진다. 이미 익은 것인 만큼 겉이 노릇노릇해지기 전에 슬쩍 지져 낸다.

이것을 따뜻한 물엿에 담가 집청을 한다. 물엿이 아닌 꿀에 담가 오래 재어 두는 이도 있다.

물엿이 굳기 전에 장식을 한다.

정과를 만들 수 있는 여러 재료들. 곧 끓는 물에 슬쩍 데친 당근, 도라지, 우엉, 무, 연근 들과 곶감, 은행을 비롯하여 갖가지 식물 뿌리나 열매가 정과 재료가 된다.

곶감을 씨를 빼고 길게 채를 썰어 물엿을 부어 조린다. 여린 불에서 물엿이 졸아 곶감이 엉기도록 조린다. 곶감은 날로도 먹는 것이니 잠깐 조리면 된다.

　이 다식을 그냥 먹어도 괜찮으나 약과를 만들려면 프라이팬에 슬쩍 구워 물엿에 담근다. 물엿은 따뜻해야 잘 발라지니 냄비에 중탕한 채 두어 온기를 유지한다. 때로는 물엿에 생강즙이나 계피 가루를 섞으면 생강과 계피에 고유한 향이 나며 또 맛이 더 좋아지기도 한다. 약과를 물엿에 담갔다 그대로 접시에 담으면 물엿이 흘러내려 바닥에 눌어붙어 지저분해지고 모양이 나지 않으니 어레미를 뒤집어 그 위에 잠시 얹어 두는 것이 좋다.
　장식은 굳이 하지 않아도 되나 폐백상이나 회갑 잔칫상에 괼 약과는 간단한 장식을 하는 수도 있다. 말린 대추를 양 끝을 썰어 둥근 꽃 모양을 내어 약과 가운데에 박고 석이버섯을 가늘게 채쳐서 한두 군데 흩뜨리면 된다. 또는 잣가루를 뿌리거나 밤, 대추를 채쳐서 뿌리거나 잣을 통째로 몇개 박거나 해서 약과를 꾸미기도 한다.

약과는 그 자체가 단 과자인 만큼 곁들이는 음료가 달지 않아야 맛이 어울린다. 곧 따끈한 잎차나 유자차 또는 달지만 뒷맛이 개운 한 식혜가 괜찮다. 흔히 상품으로 파는 공장 약과는 반죽에 설탕이 너무 많이 들어가서 하나를 채 먹기도 전에 단맛에 그만 질려 버리 는 수가 있다. 아무쪼록 단 물엿으로 반죽하고 또 옷을 입히는 과자 이니 집에서 할 때만큼은 설탕을 넣지 않도록 한다.

한편으로 갖가지 식물의 뿌리나 열매를 물엿으로 조려 쫄깃쫄깃 하고 달큰한 맛이 나는 정과 또한 그 단맛 때문에 요새 사람들한테 푸대접당하는 음식이다. 흔히, 달랑 한 가지만 만들지 않고 여러 재료를 저마다 조려서 색색으로 돌려 접시에 담는다. 주변에서 쉽게 구할 수 있는 재료로 연근, 도라지, 생강, 무, 당근, 우엉, 호박 오가 리, 고구마, 죽순, 유자, 모과, 곶감, 땅콩, 은행 들이 있고 산사, 동 아, 박, 청매 들로도 정과를 만들어 먹기도 한다.

물엿으로 조리는 방법은 거의 비슷하나 조리기 전에 재료를 다듬 는 방법은 조금씩 차이가 있다. 재료마다 먹기 좋은 크기로 채치거 나 썰거나(또는 그대로) 해서 이를테면 연근은 식초를 조금 탄 끓는 물에 살짝 삶고, 도라지나 무, 죽순, 당근은 소금 탄 끓는 물에 슬쩍 데쳐 낸다. 유자나 곶감, 모과, 땅콩 들은 그대로 조리고 은행은 프라이팬에 볶아 껍질을 벗겨 내고 조린다. 흰 물엿에 조리면 재료마 다 지닌 고유한 빛깔이 그대로 살아 그야말로 "각색 정과"가 된다. 그런데 옛날에는 무나 당근, 고구마, 감자, 호박 따위를 날 것이 아니라 말린 것을 물에 불려서 정과를 만들었다고 한다. 그러면 훨씬 더 쫄깃쫄깃하여 씹는 느낌이 좋았다고 한다.

# 소곡주

충청남도 지정 무형 문화재 삼호 기능 보유자인 김영신 씨는 올에 일흔두살로 한산 지방에 예부터 전해 내려오는 소곡주를 담글 줄 아는, 그리고 담가도 좋다고 허락받은 이이다.(「규합총서」에는 한자로 "흴 소"자, "누룩 국"자를 써서 소국주라고 씌어 있으나, 여기서는 한산 지방에서 부르는 대로 "누룩 곡"자를 써서 "소곡주"라고 쓰기로 한다.)

육이오 전쟁이 끝나던 해에 이녁이 태어난 곳이자 친정이 있는 한산에 돌아와 자리를 잡은 그이는 어려서 어머니 뒤를 쫓아다니면서 눈여겨보았던 소곡주 담그는 법을 동네 어른들한테 물어 정식으로 배웠다. 그리고 칠십구년에 기능 보유자로 지정되어 비로소 적은 양이나마 솜씨를 빛내게 되었다.

건지 산성이 들어선 건지산 계곡의 맑은 물로 빚는 청주인 소곡주는 서산 두견주, 안동 소주, 동래 산성 막걸리와 함께 맛좋기로 이름이 난 술이다. 맛에 취해 하루종일 마시다가 다음날 봇짐까지 잃었다고 하여 앉은뱅이 술이라고도 불린다고 한다. 한때 법으로 금지되어 있어서 마음대로 만들지도 또 마시지도 못했으나 지금은 법이

소곡주. 예부터 선산 약주, 서산 두견주, 안동 소주와 함께 맛좋기로 이름이 난 술이다.

풀렸으니 맛이 뛰어나다고 하는 소곡주 담그는 법을 알아 두는 것이 뜻있는 일이라 하겠다. 소곡주는 이렇게 담근다.

술맛은 누룩이 좌우한다. 그러니 무엇보다도 누룩을 잘 빚는 일이 중요하다. 누룩은 간단히 말하면 술을 빚는 데에 발효제의 구실을 하는 것으로 밀을 빻아 물로 반죽하여 띄워서 말려 쓴다. 밀이 귀한 지방에서는 보리, 옥수수, 콩, 팥, 귀리 같은 것을 섞어 쓰기도 했다고 하는데 아무래도 밀로만 빚은 누룩으로 담근 술맛은 따라갈 수가 없다고 한다. 그런데 갓 거두어들인 햇밀은 그 자체가 물기를 머금고 있어서 누룩이 뜨는 동안에 물기가 생겨 맛이 나지 않거나 빛깔

먼저 누룩을 만들 밀을 하얀 가루가 나도록 곱게 **빻**는다. 그래야 술맛이 진하다.

밀가루가 버실버실 풀어질 만큼 반죽하여 이것을 자꾸 주물러 뭉쳐서 누룩고리에 붓고 발로 꼭꼭 디딘다.

이 맑지 않으니 되도록 한해쯤 묵혀 바짝 마른 밀을 쓰는 것이 좋다고 말하는 이도 있다.

어쨌거나 밀을 밀기울을 벗기지 않은 채로 방앗간에 가서 **빻**아 가루를 만든다. 술에 따라 굵게 또는 곱게 **빻**아야 하니, 이를테면 막걸리를 담글 셈이면 서너 동강이 나도록 굵게 **빻**아야 술이 걸쭉하지 않고, 소곡주를 담글 셈이면 하얀 가루가 나도록 곱게 **빻**아야 술맛이 진하다. 기계가 드물던 몇십해 전에는 집에서 방아를 찧거나 맷돌을 돌려 **빻**았다. 김영신 씨 집에는 아직 맷돌과 맷돌 자루가 고스란히 남아 있었다.

곱게 **빻**은 밀가루를 그릇에 쏟아 붓고 반죽 정도를 보아 물을 부어 가며 반죽한다. 반죽이 너무 질면 술 빛깔이 불그레하므로 주먹으로 쥐어 밀가루가 버실버실 풀어질 만큼 되게 한다. 이것을 꾸덕꾸덕하게 반죽이 될 때까지 자꾸 손으로 주물러—양이 많으면 발로 한다.—고루고루 뭉쳐지게 한다. 이 밀 반죽을 둥그렇게 빚어

누룩을 뜨끈뜨끈한 아랫목에 두어 스무날쯤 띄운다. 다 뜬 누룩을 술 담그기 며칠 전에 햇빛에 널어 엎었다 뒤집었다 하여 닷새쯤 말린다.

누룩을 만든다. "누룩고리"란 것이 있다. 두꺼운 목판—주로 소나무를 쓴다.—을 둥글게 홈을 파거나 나무를 "우물 정"자 모양으로 짜 맞추어서 누룩을 빚는 틀이다. 여기에 베보자기를 깔고 밀반죽을 가득 채운 다음에 그 베로 위를 덮어 싸서 발로 꼭꼭 디딘다. 그렇게 해야 모양이 단단해서 보관하거나 운반하기에 편리하다. 요새는 누룩고리를 골동품 가게에서나 겨우 찾아볼 수 있을 뿐이니, 거개가 공장에서 기계로 찍어 낸 생김새와 크기가 같은 누룩을 사용한다.

모양이 다 만들어졌으면 이제 누룩을 띄운다. 한여름 푹푹 찌는 날에는 그냥 아무 데나 두어도 괜찮지만 서늘한 날에는 방에 불을 때고 뜨끈뜨끈한 아랫목에 둔다. 가끔씩 엎었다 뒤집었다 하여 전체가 골고루 뜨도록 하기를 한 스무날 한다. 누룩이 뜨는 동안은 누룩에서 열이 나서 곁에 다가가면 후끈후끈해진다. 다 뜬 누룩을 한달쯤 가마니에 넣어 묵혔다가 술 담그기 며칠 전에 햇빛에 널어 엎었다 뒤집었다 하며 닷새쯤 말린다. 그러면 거죽은 바짝 마르고 속이

거죽이 바짝 마르고 속이 "보요스름하고 놀짱하게" 뜬 누룩을 술 담글 만큼 절구에 넣고 빻는다.

빻은 누룩가루를 멍석에 펴 널어 낮에는 햇빛을, 밤에는 이슬을 맞히기를 사나흘 한다. 이것은 누룩에서 "곱짠내"(뜬내)가 나지 말라고 그런다.

"보요스름하고"(뿌옇고) "놀짱하게"(노르스름하게) 뜬다. 잘 뜬 누룩은 빛깔이 노릿노릿하고 거죽에 곰팡이가 핀 데에 견주어 잘 안 뜬 것은 썩어서 거무틱틱하다.

이것을 절구에 넣고 빻아 가루를 내어 "밑"을 만든다. 김영신 씨가 이 대목에서 흥이 나면 절로 부르는 노래가 재미있다. "방아야, 방아야, 쿵쿵 찧어라. 이 방아 찧으면 소곡주를 담가서 한산 명물로 나간다." 방아타령을 부르며 빻은 누룩가루를 멍석에 펴 널어 낮에는 햇빛을 밤에는 이슬을 맞히기를 사나흘 하는데 누룩에서 "곱짠내"(뜬내)가 나지 말라고 그런다. 그런 다음에 누룩가루가 폭 잠길 만큼 물을 부어 다섯 시간쯤 불려서 체에 거른다. 체에 거를 때에는 넓은 자박지 위에다가 쳇다리를 받치고 그 위에 체를 놓고 거른다. 이 물을 항아리에 붓는다.

그런 다음에 밑에 넣을 흰무리를 찐다. 지에밥을 찔 찹쌀이 한말이라면 흰무리를 찔 멥쌀과 누룩가루는 두되씩 필요하다. 다섯 시간

뜬내가 웬만큼 가시면 가루째 체에 거른다. 체에
거를 때에는 넓은 자박지 위에다 쳇다리를 걸쳐
놓고서 그 위에 체를 놓고 거른다.

걸러진 누룩가루에 물을 부어 다섯
시간쯤 불린 다음 다시 체에 부어
거른다. 물을 항아리에 붓는다.

쯤 불린 멥쌀을 빻아서 시루에 넣고 불을 사정없이 때어 익힌다.
「규합총서」에는 "손김 뵈지 말고" 곧 뚜껑을 열어 보고 쑤셔 보고
하지 말고 찌라고 씌어 있다. 삼십분쯤 지나 꼬챙이로 찔러 보아
쌀가루가 묻어 나오지 않으면 푹 익은 것이니 그만 불에서 내린다.
바람부는 데에서 흰무리를 멍석에 펴 널어 나무주걱으로 슬슬 헤치
면서 차게 식힌다.

아까 누룩을 걸러 항아리에 부어 둔 밑물에 차게 식은 흰무리를
조금씩 떼어 놓고 떡이 잘 풀어지도록 나무주걱으로—옛날에는
"동도지" 곧 복사나무 가지로 했다.—휘휘 젓는다. 그런데 누룩이
많이 들어갈수록 술이 독하고, 흰무리가 많이 들어갈수록 술이 바특
하고 "깐작깐작하여" 맛이 더 난다. 그래서 맛이 진한 술을 즐기는
이들은 누룩과 흰무리를 제분량보다 더 많이 쓰기도 한다.

이 항아리를 추운 겨울 날씨라면 따뜻한 아랫목에 두되 뚜껑을
덮지 말아야 한다. 밑이 끓어오르면서—발효되어 군데군데 거품이

그 다음에 밑에 넣을 흰무리를 찐다. 불린 멥쌀을 빻아 시루에 찐 다음 멍석에 펴 널어 식힌다.

아까 누룩을 걸러 항아리에 부어둔 밑물에 차게 식은 흰무리를 조금씩 떼어 넣고 휘휘 젓는다.

보글보글 이는 것을 말한다.―나는 훈김이 충분히 빠져 나가야 술이 시지 않으니 반드시 뚜껑을 열어 놓아야 한다.

그제 저녁 때쯤에 밑을 만들었으면 어제 저녁 늦게 지에밥을 찔 찹쌀을 물에 충분히 씻어 불렸다가 대여섯 시간 지나 오늘 새벽녘에 베보자기를 깔고 시루에 앉혀서 푹 찐다. 순전히 김으로 익히는 것이니 불을 싸게 때면 금세, 약하게 때면 한참 뒤에 익는다. 지에밥은 쌀을 꼬들꼬들하게 찌는 고두밥이다. 밥알이 퍼지지 않았는데도 먹어 보면 쫀득쫀득하고 숟가락으로 비벼 보아 으스러지면 다 익었달 수 있다. 이 지에밥을 또한 바람이 잘 통하는 곳에서 멍석에 펴 널어 나무주걱으로 슬슬 헤쳐 가며 완전히 식힌다. 지에밥에 더운 기가 조금이라도 남아 있으면 술이 잘 안 되고 맛이 나지 않는다.

이제 술을 담글 항아리를 놓고 지에밥 한켜 넣고 그 위에 누룩가루를 한켜 뿌리고 또 그 위에 지에밥을 한켜 넣고 그 위에 엿기름 가루를 한켜 뿌리고 하기를 번갈아 하면서 사이사이에 가끔씩 누룩가

밑을 만든 지 꼬박 하루가 지나면
찹쌀로 지에밥을 찐다.

술을 담글 항아리를 놓고 지에밥
누룩가루, 엿기름 가루를 번갈아
한켜씩 뿌린다.

루 위에 날것으로 마른 메주콩을 한켜 뿌린다. 그러니까 시루떡처럼
켜켜로 앉히는 것이다.(콩을 집어넣는 까닭은 술이 잘못 되어 시거
나 할 때에 그 신맛을 빨아먹으라고 그런다. 여기서 술이 잘못 된다
함은 대체로 날이 궂어 술 담그기에 좋지 않거나 밑이 너무 오래
끓었거나 누룩이 폭신 뜨지 않았거나 해서 술이 시어지는 것을 말한
다.) 여기에 팔팔 끓은 밑물을 쭉 붓는다. 옛날에는 술이 맑으라고
바닥에 가라앉은 떡찌꺼기가 들어가지 않도록 조심하여 부었으나
김영신 씨는 그 찌꺼기가 더 진하고 쫀득거려 맛이 더 좋다고 여겨
죄다 붓는다.

이 항아리를 김칫독 묻듯이 그늘진 땅 속에 파묻어 둔다. 술바탕
을 꼭꼭 다독거려 놓고 사흘을 보내면 술이 다 끓어 술바탕이 부풀
어 올라온다. 술이 한창 끓어오를 적에는 술바탕이 불덩이처럼 후끈
후끈해서 항아리 뚜껑을 덮어 놓으면 공기가 빠져 나가지 않아 술이
시어지니 열어 두거나 채반을 덮어 둔다. 그렇게 이삼일 지나면

이 술항아리를 뚜껑을 연 채로 김칫독 묻듯이 그늘진 땅 속에 파묻어 둔다. 사흘쯤 지나 술이 다 끓어 술바탕이 탁 내려 앉으면 종이로 위를 봉해서 뚜껑을 덮어 둔다. 이렇게 백일이 지나면 비로소 소곡주가 나온다.

여기에 아까 팔팔 끓은 밑물을 쭉 붓는다.

다 끓어 술바탕이 탁 내려앉으면서 항아리 가장자리에 손가락 굵기만하게 골이 진다. 이것을 김영신 씨는 "대가 내려앉는다"고 말한다. 그러면 종이로 위를 봉해서 뚜껑을 덮어 백일을 둔다.(본래는 이 위에 다시 흙을 덮어 흙무덤을 만들어야 온도가 한결같아서 맛이 더 난다.)

이렇게 백일이 지나 뚜껑을 열어 보면 술밥이 동동주처럼 동동동 떠 있는 게 보기가 좋다. 거기에 대로 얼기설기 엮은 용수를 박는다. 백일되어 술이 잘 익어야 용수가 쑥 들어가지 설 익으면 잘 안 들어간다. 그래서 소곡주를 백일주라고도 부른다. 용수에 가득히 괸 술을 쪽바가지로 하나 떠서 보면 잘 된 것은 빛깔이 살짝 노르께 하니 마치 참기름 빛깔 같다.

소곡주를 거르고 남은 찌꺼기는 버리지 않고 소주를 "내린다." 이 술 찌꺼기를 거른 맑은 술을 솥에 붓고 나무주걱으로 저으면서 불을 땐다. 처음부터 톡톡한 찌꺼기까지 부어 버리면 솥 바닥이 눌러붙기 때문에 한참 불을 때다가 나중에 붓는다. 술이 끓기 시작하면 솥 가장자리를 광목으로 두르고 솥뚜껑을 뒤집어 덮는데 솥 안에는 소주를 받을 그릇을 놓아 둔다. 그런 뒤에 뒤집혀 움푹 파인 솥뚜껑에 찬물을 부어 한결같이 불을 "까느스름하게"(여리게) 땐다.(불이 싸면 술이 너무 끓어 솥 안에 놓아 둔 그릇이 엎어진다.) 그러면 술 속의 알콜 성분이 증발하다가 찬물이 담긴 솥뚜껑에 닿아 방울방울 맺혀져 솥뚜껑 손잡이에 모아져 받쳐 둔 그릇에 조르르 한 방울씩 떨어지니 그것이 바로 소주다. 그런데 뒤집어 놓은 솥뚜껑에 부은 찬물이 뜨거워지면 곧바로 찬물로 갈아 주어야 한다. 물을 한번 갈아 줄 때마다 "한번 땄다"고 말하는데 다섯번 "따거든" 그만 소주가 든 그릇을 꺼내 비워야 한다. 처음 나온 소주는 맛은 기막히게 좋으나 김영신 씨 말로는 "혓바닥이 뚫어질 정도로" 독하다. 그러므로 다섯번 따기를 몇번 더 해서 소주를 한데에 섞어야 한다. 이렇게 내린 소주는 요새 시중에서 파는 화학주 소주와는 근본부터 다르니, 김영신 씨는 "배 아픈 것이 싹 가라앉는 약"이라고 말한다.

음력 유월께 거두어들인 밀을 빻아 누룩을 빚고 구시월 서늘해질 무렵 소곡주를 담가 땅 속에 묻었다가 음력 설에 식구들이 모여 한잔씩 마시면 혓끝에 짝 달라붙는 게 막걸리와도 또다른 감칠 맛이었다. 순쌀로만 담갔으니 아무리 마셔도 속이 아프거나 탈이 나는 법이 없었다.

빛깔있는 책들 201-4

# 겨울 음식

| 글 | —뿌리깊은나무 |
| 사진 | —뿌리깊은나무 |

| 발행인 | —장세우 |
| 발행처 | —주식회사 대원사 |

| 주간 | —박찬중 |
| 편집 | —김한주, 조은정, 황인원 |
| 미술 | —차장/김진락 |
| | 김은하, 최윤정, 한진 |
| 전산사식 | —김정숙, 육세림, 이규헌 |

| 첫판 1쇄 | —1989년 12월 30일 발행 |
| 첫판 6쇄 | —2006년 4월 30일 발행 |

주식회사 대원사
우편번호/140-901
서울 용산구 후암동 358-17
전화번호/(02) 757-6717~9
팩시밀리/(02) 775-8043
등록번호/제 3-191호
http://www.daewonsa.co.kr

 값 13,000원

ISBN 89-369-0063-3 00590

# 빛깔있는 책들

## 민속(분류번호 : 101)

## 고미술(분류번호 : 102)

## 불교 문화(분류번호 : 103)

## 음식 일반(분류번호 : 201)